Die Matheprofis 4

Arbeitsheft

Ausgabe D

Herausgegeben von
Sybille Schütte

Erarbeitet von
Waltraud Haller, Sybille Schütte und Lilo Verboom
unter beratender Mitarbeit von Barbara Ruetz, Stephanie Schuler
und Horst Schiffler

Illustriert von
Helge Glatzel-Poch,
Julia Ginsbach und Jan Birck

Oldenbourg

Kopfrechnen

zu Buchseite 4/5

(1) Eine geheime Botschaft, zweifach verschlüsselt:

C	E	H	I	K	L	M	N	O	R	W	Z
403	620	760	955	4	716	22	752	333	789	644	858

238 + 522 = ____	270 + 350 = ____	580 − 247 = ____
296 + 107 = ____	428 + 332 = ____	202 − 198 = ____
647 + 308 = ____	1000 − 248 = ____	948 − 232 = ____
507 + 209 = ____	1000 − 380 = ____	920 − 204 = ____
452 + 406 = ____	510 − 488 = ____	1000 − 45 = ____
480 + 309 = ____	410 − 388 = ____	884 − 240 = ____

Lösungswörter: ....

(2) Kreuzzahlrätsel

a 1	b 5	c 3	■	d	e
f 4			■	g	
6	■	h	i	■	
■	■	■	k	l	■
m	n	■	o		p
q		r	■	s	
t			■	■	

waagrecht:	senkrecht:
a) 65 + 88	a) 47 + 99
d) 59 + 39	b) 86 − 29
f) 510 − 36	c) 377 − 29
g) 277 − 249	d) 184 − 92
h) 107 − 19	e) 902 − 18
k) 105 − 78	i) 885 − 56
m) 253 − 202	l) 850 − 62
o) 451 + 531	m) 637 − 95
q) 418 + 55	n) 89 + 89
s) 170 − 85	p) 328 − 77
t) 85 + 204	r) 820 − 781

(3) Finde die passenden Aufgaben.

350 428 165 317 243	+	55 561 112 403 317	=	540 220 646 911 634

____

____

____

____

____

zu Buchseite 4/5

(1) Welche Zahlenpaare dürfen durchs Tor? Suche möglichst viele Zahlenpaare.

6 4 3 + 3 6 5

(2) Zum Tausender hin

123 + ____ = 1000
234 + ____ = 1000
345 + ____ = 1000
456 + ____ = 1000
567 + ____ = 1000
____ + ____ = 1000
____ + ____ = 1000

(3)

(4) Vom Tausender weg

1000 − ____ = 909
1000 − ____ = 808
1000 − ____ = 707
1000 − ____ = 606
1000 − ____ = ____
1000 − ____ = ____
1000 − ____ = ____

(5) Finde die passenden Aufgaben.

630		715		470
528		140		490
470	−	58	=	267
830		203		623
722		99		115

____
____
____
____
____

Eine ganz besondere Zahlenfolge

zu Buchseite 4/5

① Setze die Zahlenfolge fort.

1	2	4	8	16	32	64	128					

② Wähle immer 3 Zahlen aus und addiere sie. Die Summe soll größer als 300 sein.

512 + 32 + 8 = ________ ________ ________

________ ________ ________

________ ________ ________

③ Fasse geschickt zusammen.

4, 32, 256, 8 — 64, 512, 16, 8 — 512, 32, 128, 8

260 + 40 = ________ ________ ________

④ Von der Startzahl zur Null. Subtrahiere immer die größtmöglichen Zahlen. Du darfst die Zahlen aus der Zahlenfolge immer nur einmal benutzen.

146 $\xrightarrow{-128}$ ☐ $\xrightarrow{-16}$ ☐ $\xrightarrow{-2}$ 0 — 816 → ☐ → ☐ → ☐ → 0

772 $\xrightarrow{-512}$ ☐ $\xrightarrow{-256}$ ☐ → 0 — 712 → ☐ → ☐ → ☐ → 0

324 $\xrightarrow{-256}$ ☐ → ☐ → 0 — 480 → ☐ → ☐ → ☐ → 0

⑤ Denke dir selbst noch 2 große Startzahlen (bis 1000) aus.

☐ → ☐ →

☐ → ☐ →

⑥ Addiere die ersten 10 Zahlen aus der Zahlenfolge. Rechne möglichst geschickt. Notiere deine Nebenrechnungen und Zwischenergebnisse.

Schriftlich addieren und subtrahieren

zu Buchseite 6/7

① 2 3 4   3 4 5   5 6 7   2 6 8

	2	3	4
+	2	4	3
+	3	4	2
+	3	2	4
+	4	2	3
+	4	3	2

② Für die Aufgaben wurden immer alle Ziffern von 1-9 verwendet.

☐☐☐	☐☐☐	☐☐☐	176	53☐	396
+ 267	+ 395	+ 148	+ 295	+ 2☐7	+ ☐☐8
+ 458	+ 176	+ 375	+ ☐☐☐	+ ☐84	+ ☐☐5
864	855	1215	855	990	999

③ Aufgaben mit Spiegelzahlen

483	624	582	763	691	751	831	901	930
− 384	− 426	− 285	− 367	− 196	− 157	− 138	− 109	− 39
-----	-----	-----	-----	-----	-----	-----	-----	-----

Was fällt dir auf? ....

④ Achte auf die Ergebnisse! Bilde immer noch eine passende Aufgabe mit Spiegelzahlen.

a)	592	693	794	-----	b) 784	724	764	-----
	− 295	− 396	− 497	− -----	− 487	− -----	− -----	− -----
	-----	-----	-----	-----	-----	-----	-----	-----
c)	923	823	723	-----	d) 803	804	805	-----
	− 329	− -----	− -----	− -----	− 308	− -----	− -----	− -----
	-----	-----	-----	-----	-----	-----	-----	-----

⑤

a) 321	875	b) 491	862	c) 472	900
+ 413	↗ − 734	+ 238	↗ − -----	+ 248	↗ − -----
-----	-----	-----	-----	-----	-----

⑥ Finde die Fehler. Rechne die Aufgabe richtig.

273	564	700
− 86	− 126	− 287
287	442	523

Multiplizieren im Kopf und mit Zwischenergebnissen

zu Buchseite 8/9

① Rechne die Aufgabenpaare aus und berechne den Unterschied zwischen den Ergebnissen der Malaufgaben.

5 · 14 = 70	8 · 16 = ___	7 · 14 = ___	9 · 15 = ___	9 · 14 = ___
4 · 15 = 60	6 · 18 = ___	4 · 17 = ___	5 · 19 = ___	4 · 19 = ___
U: 10	U: ___	U: ___	U: ___	U: ___

Was fällt dir auf? Kannst du es erklären?

....

....

....

....

② Rechne die Malaufgaben aus. Finde jeweils noch ein weiteres Aufgabenpaar mit demselben Unterschied zwischen den beiden Ergebnissen.

a)

3 · 15 = ___	5 · 17 = ___	6 · 18 = ___	___________
5 · 13 = ___	7 · 15 = ___	8 · 16 = ___	___________
U: _____	U: _____	U: _____	U: _____

b)

3 · 16 = ___	___________
6 · 13 = ___	___________
U: _____	U: _____

c)

4 · 18 = ___	___________
8 · 14 = ___	___________
U: _____	U: _____

③ Rechne die Aufgaben aus. Finde noch ein weiteres passendes Aufgabenpaar.

6 · 53 = 300 + 18 = __________
3 · 56 = 150 + ______________
U: ____

2 · 55 = ____________________
5 · 52 = ____________________
U: ____

9 · 56 = ____________________
6 · 59 = ____________________
U: ____

______ = ____________________
______ = ____________________
U: 150

④ Rechne die Aufgaben und schreibe deinen Lösungsweg auf.

6 · 48 | 5 · 86 | 9 · 57 | 7 · 99 | 6 · 79

Multiplizieren auf zweierlei Wegen

zu Buchseite 8/9

① Rechne mit der Maltabelle und noch auf einem anderen Weg.

13 · 16

·	10	6
10		
3		

15 · 18

·		

18 · 14

·		

13 · 16 =

② Rechne auf zweierlei Weise.

24 · 16

·	10	6
20		
4		

28 · 13

·		

47 · 18

·		

In Schritten multiplizieren und dividieren

zu Buchseite 10/11

(1) Vervollständige die Maltabellen. Schreibe auch die passende Aufgabe dazu.

·	40	3
5	200	15

5 · 43 = ______

·		
8	480	24

____ · ____ = ______

·		
6	180	54

____ · ____ = ______

·		
3	210	6

____ · ____ = ______

·			
3	300	60	24

____ · ____ = ______

·			
4	800	120	32

____ · ____ = ______

(2) Trage die Zahlen von 2-9 richtig in die Leerstellen ein.

63 · ____ = 441   42 · ____ = 336   78 · ____ = 156   43 · ____ = 258

75 · ____ = 375   37 · ____ = 148   98 · ____ = 294   65 · ____ = 585

(3) Zerlege die Aufgaben.

332 : 4 =   392 : 7 =   522 : 6 =

744 : 6 =   759 : 3 =   852 : 4 =

(4) Welche Aufgaben kannst du im Kopf rechnen, bei welchen Aufgaben schreibst du dir lieber den Rechenweg auf?

930 : 3 = ______   408 : 2 = ______   329 : 7 = ______   399 : 3 = ______

408 : 4 = ______   291 : 3 = ______   238 : 7 = ______   496 : 4 = ______

zu Buchseite 10/11

1 Punktrechnung geht vor Strichrechnung. Wie musst du rechnen?

$7 \cdot 15 + 15 = \_\_\_$ $\quad 300 : 5 + 5 = \_\_\_$ $\quad 1000 - 3 \cdot 90 + 80 = \_\_\_$

$6 + 13 \cdot 3 = \_\_\_$ $\quad 800 - 240 : 6 = \_\_\_$ $\quad 500 - 80 + 3 \cdot 90 = \_\_\_$

$30 + 40 \cdot 10 = \_\_\_$ $\quad 560 : 8 - 3 = \_\_\_$ $\quad 1000 - 150 - 4 \cdot 20 = \_\_\_$

2 Setze die richtigen Rechenzeichen ein: ⊕ ⊖ ⊙ ⦂

$6 = 2 \bigcirc 2 \bigcirc 2$ $\quad 7 \bigcirc 3 \bigcirc 9 = 30$ $\quad 280 \bigcirc 7 \bigcirc 390 = 430$

$6 = 3 \bigcirc 3 \bigcirc 3$ $\quad 78 \bigcirc 3 \bigcirc 6 = 60$ $\quad 390 \bigcirc 280 \bigcirc 70 = 386$

$6 = 5 \bigcirc 5 \bigcirc 5$ $\quad 5 \bigcirc 30 \bigcirc 90 = 60$ $\quad 360 \bigcirc 60 \bigcirc 54 = 60$

3 Schreibe die Rechnungen auf und löse die Aufgaben.

Subtrahiere von 75 die Zahl 25 und teile das Ergebnis durch 5.

Subtrahiere von 75 das Ergebnis der Aufgabe 25 geteilt durch 5.

4 Rechne aus. Was musst du zuerst rechnen?

$(37 + 41) \cdot 2 = \_\_\_$ $\quad 240 : (110 - 50) = \_\_\_$ $\quad (50 + 40) : (82 - 79) = \_\_\_$

$(85 - 79) \cdot 50 = \_\_\_$ $\quad 480 : (123 - 43) = \_\_\_$ $\quad (64 - 56) \cdot (32 - 16) = \_\_\_$

5 Unterschiedliche Aufgaben!

a) $7 \cdot 4 + 6 = \_\_\_$ $\quad$ b) $36 : (9 + 3) = \_\_\_$ $\quad$ c) $30 + 70 : 5 = \_\_\_$

$7 \cdot (4 + 6) = \_\_\_$ $\quad 36 : 9 + 3 = \_\_\_$ $\quad (30 + 70) : 5 = \_\_\_$

6 Unterschiedliche Aufgaben?

a) $5 \cdot 3 + 6 \cdot 3 = \_\_\_$ $\quad$ b) $45 : 5 + 25 : 5 = \_\_\_$ $\quad$ c) $180 : 3 - 150 : 3 = \_\_\_$

$(5 + 6) \cdot 3 = \_\_\_$ $\quad (45 + 25) : 5 = \_\_\_$ $\quad (180 - 150) : 3 = \_\_\_$

7 Welche Aufgabe ist leichter zu rechnen – die obere oder die untere?

$49 \cdot 3 = \_\_\_$ $\quad 39 \cdot 7 = \_\_\_$ $\quad 69 \cdot 9 = \_\_\_$

$50 \cdot 3 - 1 \cdot 3 = \_\_\_$ $\quad 40 \cdot 7 - 1 \cdot 7 = \_\_\_$ $\quad 70 \cdot 9 - 1 \cdot 9 = \_\_\_$

8 Setze Klammern so, dass das Ergebnis stimmt.

$48 + 48 : 6 + 10 = 26$ $\quad 48 + 48 : 6 + 10 = 6$

Zahlenforscher

zu Buchseite 14/15

(1) Trage diese Zahlen in die Stellentafel ein.

6 ZT 3 T 5 H 8 E

2 HT 8 T 2 H 9 E

4 T 1 H 9 Z

5 T 1 H 7 Z 6 E

1 M 2 HT 3 T 4 H

M	HT	ZT	T	H	Z	E

(2) Trage die folgenden Zahlen in die Stellentafel ein:

	M	HT	ZT	T	H	Z	E
zweitausendvierhundertsiebenundzwanzig							
einundzwanzigtausendfünfhundertacht							
dreihundertfünftausendvierhundert							
siebenhundertfünfunddreißigtausendzweihundertfünfzig							
neuntausendeinhundertundsechzig							

(3) Zerlege Zahlen in ihre Stellenwerte.

14 205 = 1 ZT 4 T 2 H 5 E

170 309 = ______________

208 397 = ______________

264 000 = ______________

4 417 508 = ______________

78 040 = ______________

(4) Bilde mindestens 8 Aufgaben mit einigen ausgewählten Zahlen.
Beispiel: 400 000 + 7 000 + 8

400 000 | 80 | 7 000 | 90 000 | 100 | 8

200 000 | 50 | 4 000 | 30 000 | 600 | 7

______________ ______________

______________ ______________

______________ ______________

______________ ______________

Wenn Dir noch Aufgaben einfallen, arbeite im Heft weiter.

(5) Denke an Fridolins Zahlendrehbuch.

28 000 $\xrightarrow{+10\,000}$ ______________

476 318 $\xrightarrow{+50}$ ______________

651 077 $\xrightarrow{+4\,000}$ ______________

83 007 $\xrightarrow{+7\,000}$ ______________

144 300 $\xrightarrow{+30\,000}$ ______________

71 355 $\xrightarrow{+5}$ ______________

Rechnen mit Tausendern

zu Buchseite 16/17

(1) Ergänze die Zahlenhäuser.

1 000	
250	
258	
245	
145	

1 000 000	
250 000	
258 000	
245 000	
145 000	

100 000	
25 000	
27 000	
17 000	
65 000	

(2) Rechne geschickt und kontrolliere.

a) 268 000 + 9 000 = ____________
49 000 + 17 000 = ____________
325 000 + 25 000 = ____________
659 000 − 34 000 = ____________
805 000 − 19 000 = ____________
171 000 − 9 000 = ____________

b) 268 T + 9 T = ____________
49 T + 17 T = ____________
325 T + 25 T = ____________
659 T − 34 T = ____________
805 T − 19 T = ____________
171 T − 9 T = ____________

(3) Rechne zuerst die einfachere Aufgabe.

457 000 + 398 000 = ____________
455 000 + 400 000 = ____________

745 000 − 197 000 = ____________
748 000 − 200 000 = ____________

264 000 + 599 000 = ____________

____

300 000 + 533 000 = ____________
295 000 + 538 000 = ____________

906 000 − 318 000 = ____________
900 000 − 312 000 = ____________

842 000 − 499 000 = ____________

____

(4) Welche der beiden Aufgaben findest du leichter? Rechne sie zuerst aus.

303 000 − 294 000 = ______
294 000 + ______ = 303 000

610 000 − 583 000 = ______
583 000 + ______ = 610 000

821 000 − 775 000 = ______
775 000 + ______ = 821 000

924 000 − 899 000 = ______
899 000 + ______ = 924 000

Rechnen wie Adam Riese

zu Buchseite 18/19

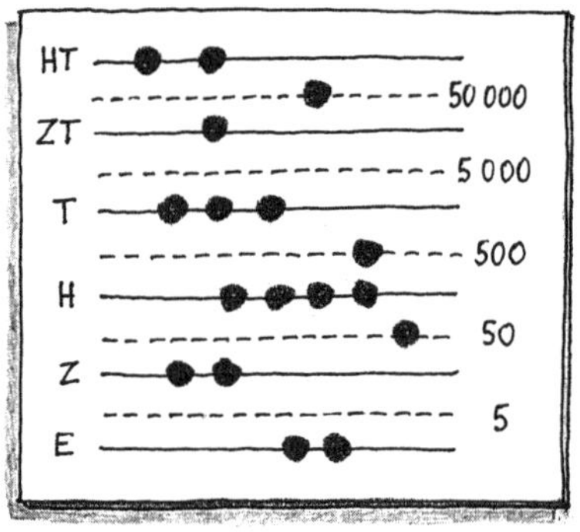

(1) a) Wie heißt die Zahl, die mit den Rechenpfennigen gelegt wurde? Schreibe sie in die Stellentafel.

M	HT	ZT	T	H	Z	E

b) Nimm in Gedanken einen Rechenpfennig weg. Welche Zahlen könnten jetzt auf dem Rechentisch liegen? Finde verschiedene Möglichkeiten.

c) Lege in Gedanken einen Rechenpfennig dazu. Welche Zahlen könnten es jetzt sein? Schreibe passende Zahlensätze auf.

(2) Addiere diese beiden Zahlen auf dem Rechentuch: 21 453 und 3 275.

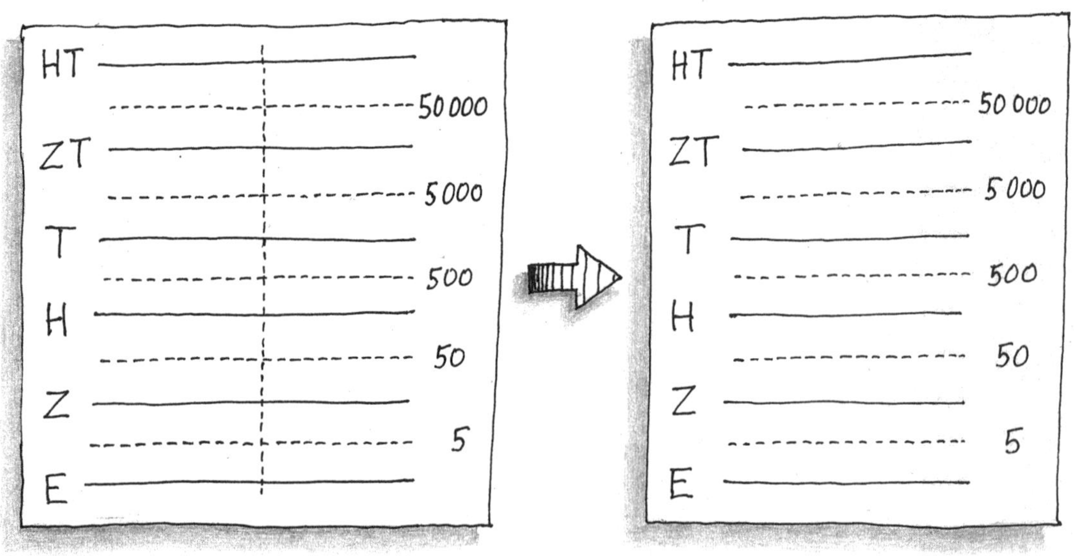

(3) Wie viele Rechenpfennige brauchst du für diese Zahlen?

a) 2 170
Anzahl der Rechenpfennige: _______

b) 15 205
Anzahl der Rechenpfennige: _______

Zahlen am Zahlenstrahl

zu Buchseite 20/21

(1) Wie heißen die Zahlen an den markierten Stellen? Trage sie ein.

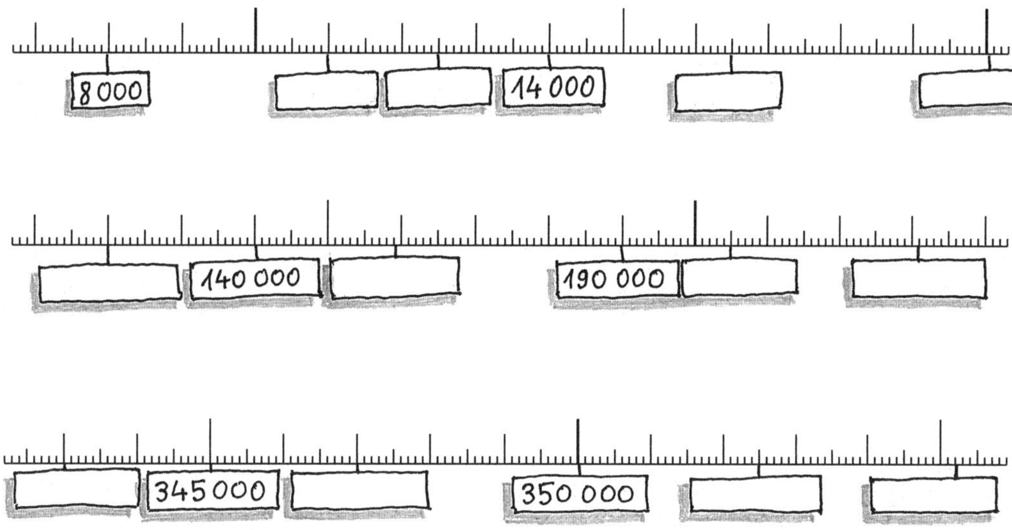

(2) Springe weiter mit gleichem Abstand.

a)

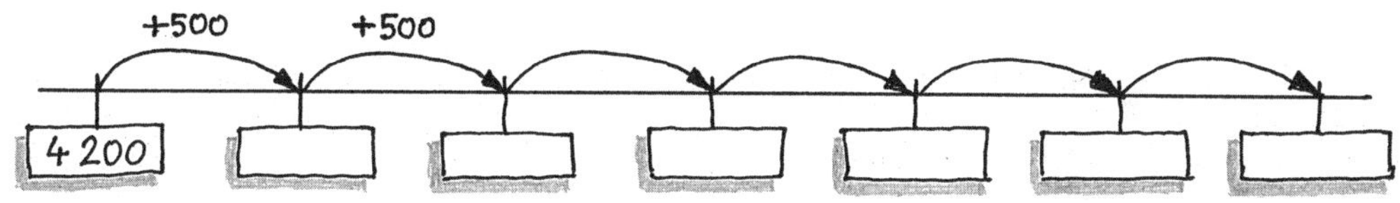

b)

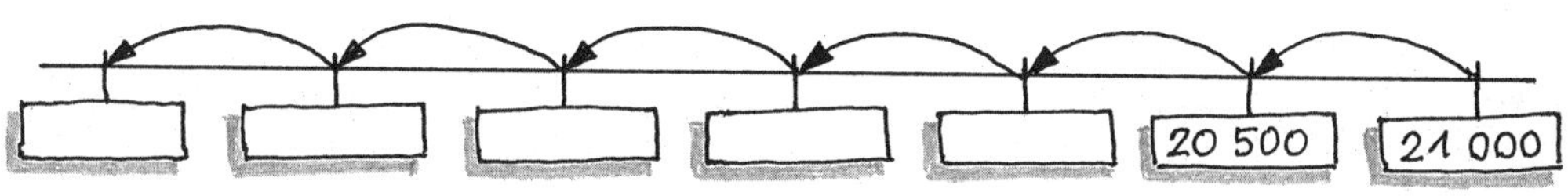

(3) Springe zum nächsten Tausender.

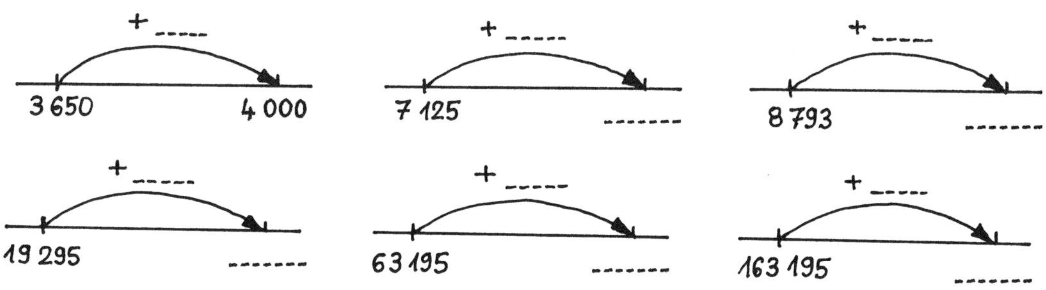

(4) Ergänze.

4 128 + ________ = 5 000	6 345 + ________ = 10 000
41 280 + ________ = 50 000	63 450 + ________ = 100 000
412 800 + ________ = 500 000	634 500 + ________ = 1 000 000

Zahlenpässe

zu Buchseite 20/21

①

ZAHLENPASS
der Zahl
457 936

Vorgänger: 457 935
Nachfolger: ________________
Nachbarzehner:
____________ / ____________
Nachbarhunderter:
____________ / ____________
Nachbartausender:
____________ / ____________
Nachbarzehntausender:
____________ / ____________
Nachbarhunderttausender:
____________ / ____________

ZAHLENPASS
meiner Lieblingszahl

Vorgänger: ________________
Nachfolger: ________________
Nachbarzehner:
____________ / ____________
Nachbarhunderter:
____________ / ____________
Nachbartausender:
____________ / ____________
Nachbarzehntausender:
____________ / ____________
Nachbarhunderttausender:
____________ / ____________

② Zahlenpaare
Partner ist die auf glatte Tausender gerundete Zahl.

289 671 – 290 000
112 390 –
601 433 –
991 555 –
709 609 –
490 444 –
199 978 –

③ Ordne diese Zahlen der Größe nach:

38 456 | 83 456 | 38 546 | 38 645 | 83 564 | 83 654

☐ ☐ ☐ ☐ ☐ ☐

Schriftlich addieren und subtrahieren

zu Buchseite 22/23

(1) Schreibe die Zahlen stellengerecht untereinander und berechne die Summe.

46 188 1 725 99 554 153 630

(2) Schreibe die Zahlen stellengerecht untereinander und berechne die Summe und den Unterschied (die Differenz).

218 305 79 227

(3) Addiere 12 345 zu 345 678 und subtrahiere das Ergebnis von 500 000.

(4) Subtrahiere von 100 000 die Zahlen 48373 und 1 627.

(5) a) Addiere zu der größten vierstelligen Zahl die kleinste ungerade fünfstellige Zahl.

b) Subtrahiere von der größten sechsstelligen Zahl die Zahl 98 765.

(6) Bilde mit den Ziffern 9, 6, 4, 1, 5 die kleinste Zahl und mit den Ziffern 2, 0, 8, 7, 3 die größtmögliche Zahl. Um wie viel ist die Summe der beiden Zahlen größer als die größte fünfstellige Zahl, die es gibt?

Antwort: ....

....

Aufgaben mit Mustern

zu Buchseite 22/23

1 Aufgaben mit Spiegelzahlen

a)	b)	c)	d)
517	635	479	726
+ 715	+ 536	+ 974	+
1232			
1232			
+ 2321	+	+	+

Beschreibe die Endergebnisse.

....

....

2 Subtrahiere und finde eine weitere passende Aufgabe.

a)

87541	64183	95721	
− 78514	− 46138	− 59712	−

b)

96296	61861	43843	
− 69269	− 16816	− 34834	−

c)

656565	646464	636363	
− 565656	− 464646	− 363636	−

3 Wie findest du die Zahl, die subtrahiert wird?

54 321	97 641	98 622	97 533
− 12 345	− 14 679	− ________	− ________
________	________	________	________
96 543	97 641	98 622	
− ________	− ________	− ________	
________	________	________	

Warum ist bei 98 622 Schluss?

....

....

....

Besucherrekorde

zu Buchseite 24/25

Eine Herbstkirmes kann viele Menschen anlocken, besonders, wenn sie viele neue Attraktionen bietet. Dies bestätigt eine Zeitungsmeldung:

„Am Samstag wurde die Herbstkirmes eröffnet. Bis zum Dienstagabend kamen bereits über 100 000 Besucher. Der Ansturm hat sogar die Schausteller und Kaufleute überrascht."

Dies waren die Besucherzahlen von Samstag bis Dienstag.

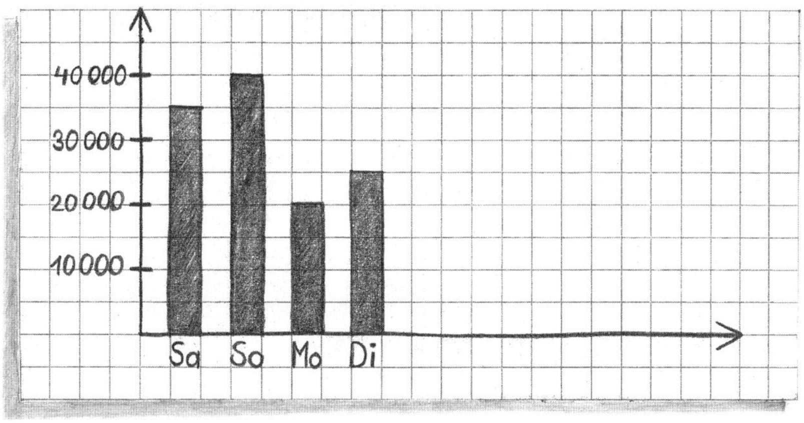

a) Wie viele Besucher kamen am …
Samstag? _______ Dienstag? _______

b) Wie viele Besucher kamen am Sonntag mehr als am Montag?

Antwort: ....

c) Wie viele Besucher kamen insgesamt?

d) Den Durchschnitt der Besucherzahlen errechnet man, indem man die Gesamtzahl der Besucher durch die Anzahl der angegebenen Tage teilt. Berechne die durchschnittliche Besucherzahl.

e) Vermute: Mit wie vielen Besuchern können die Schausteller noch bis zum nächsten Sonntag (letzter Tag) rechnen? Schreibe deinen Lösungsweg auf und begründe deine Rechnung.

Meine Überlegung: ....

....

....

Winterschläfer

zu Buchseite 28/29

Auch Igel sind Winterschläfer.

Bis zum Herbst haben sich die meisten Igel ein dickes Fettpolster angefressen. Sie wiegen nun mindestens ein Drittel mehr als im Frühling. Dieses zusätzliche Gewicht verlieren sie wieder beim Winterschlaf. Immer wieder werden noch im November Igel gefunden, die unter 700 g wiegen. Sie sind für den Winterschlaf nicht gerüstet.

Tierforscher haben das Gewicht eines Igels ermittelt:

MONAT	GEWICHT
Mai	510 g
Juni	510 g
Juli	530 g
August	580 g
September	630 g
Oktober	690 g
November	730 g
Dezember	680 g
Januar	620 g
Februar	570 g
März	520 g
April	500 g

(1) Vergleiche die Aussagen im Text mit den Zahlen in der Tabelle und beantworte die Fragen.

a) Wie viel Gramm hat dieser Igel von Mai bis November zugenommen?

b) Wie viel würde er im November wiegen, wenn er genau ein Drittel seines Gewichtes vom Mai zugenommen hätte?

c) Kannst du aus der Tabelle entnehmen, wann der Winterschlaf des Igels begann und wie lange er dauerte?

d) Wie viel Gewicht hat er beim Winterschlaf wieder verloren?

Rechnungen:

Antworten:

a) ....

b) ....

c) ....

d) ....

Der Winterschlaf des Siebenschläfers dauert am längsten. Wie sein Name andeutet, schläft er sieben Monate. Wenn er sich zum Winterschlaf hinlegt, wiegt er etwa 200 g. Wenn er Anfang April wieder aufwacht, hat er die Hälfte seines Gewichtes verloren.

(2) Überlege und rechne.

a) Der Siebenschläfer beginnt seinen Winterschlaf im ....

b) Er wiegt, wenn er aufwacht, etwa _______ Gramm.

c) Er muss in seiner wachen Zeit jeden Monat durchschnittlich _______ Gramm zunehmen.

Senkrechte und Parallele

zu Buchseite 30/31

(1) Führe die Linie so fort, dass jede Teilstrecke senkrecht zu der vorherigen steht.

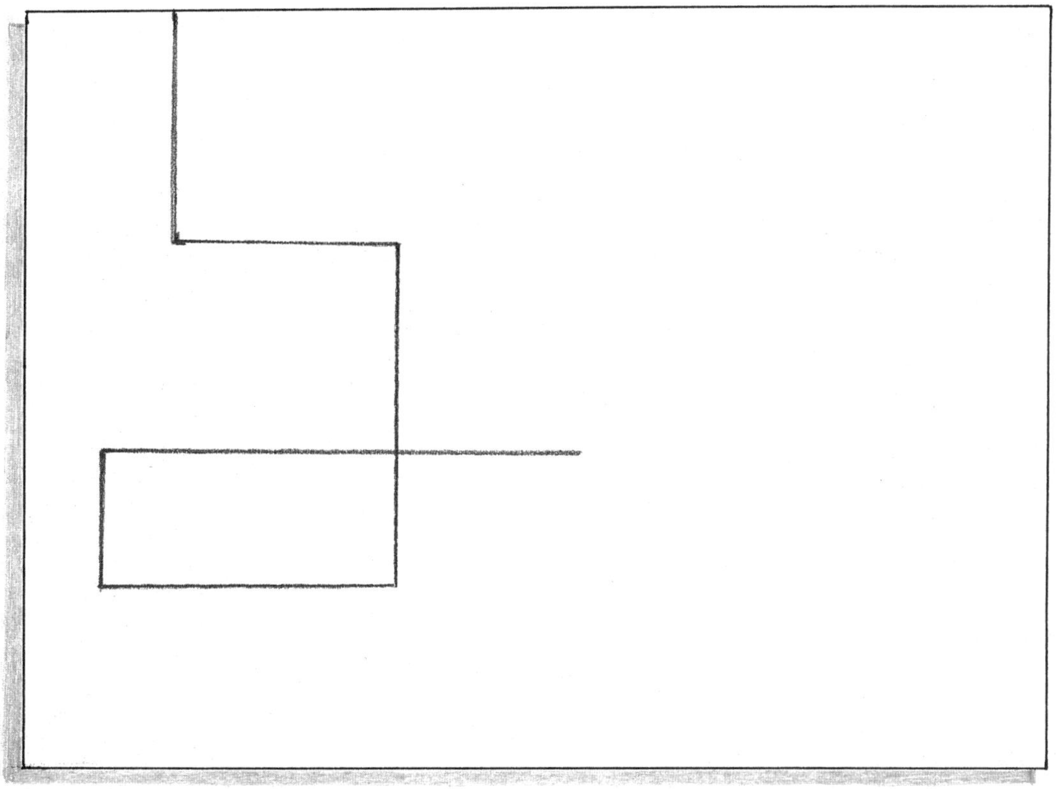

(2) a) Zeichne im Abstand von 1 cm gerade Linien, die auf der mittleren Linie senkrecht stehen.
b) Zeichne zwei weitere Linien so ein, dass ein Quadratgitter entsteht.

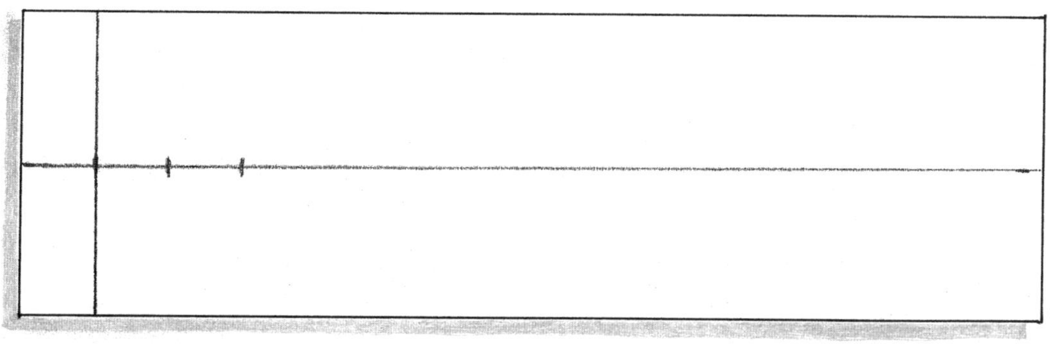

(3) Einige Buchstaben bestehen aus senkrechten und parallelen Linien.
Finde weitere Beispiele und zeichne sie mit dem Geodreieck.

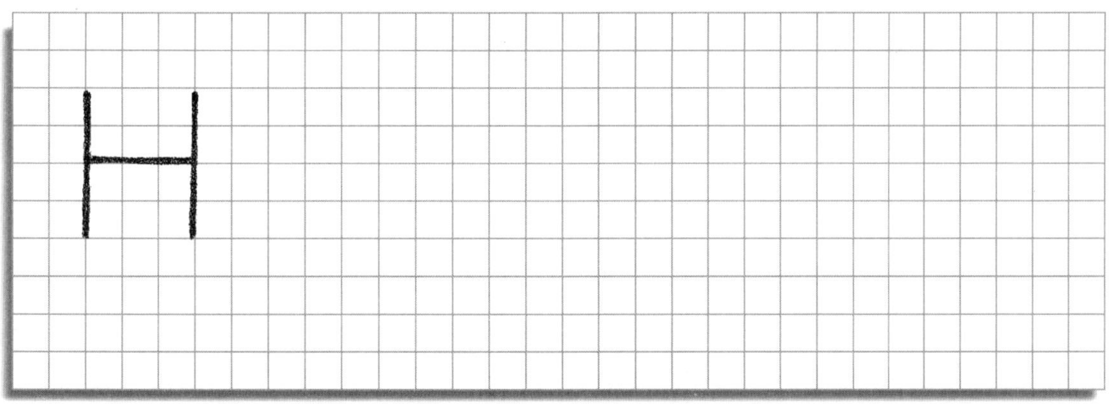

Mit Zirkel und Lineal

zu Buchseite 32/33

(1) Setze das Muster fort und male den fertigen Rahmen an.

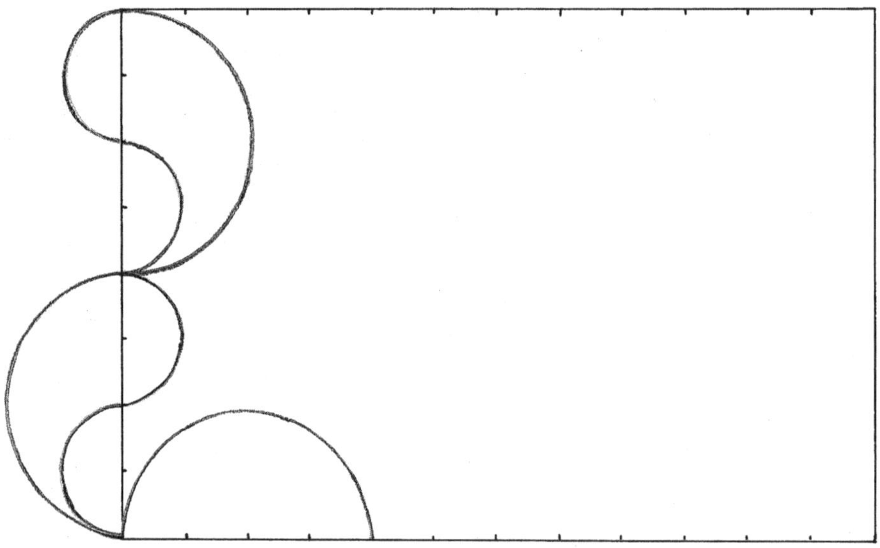

(2) Konstruiere diese Muster:

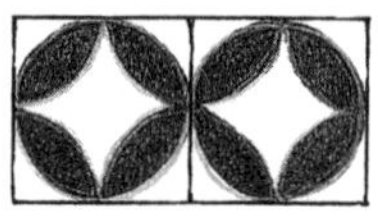

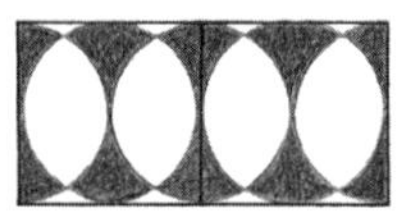

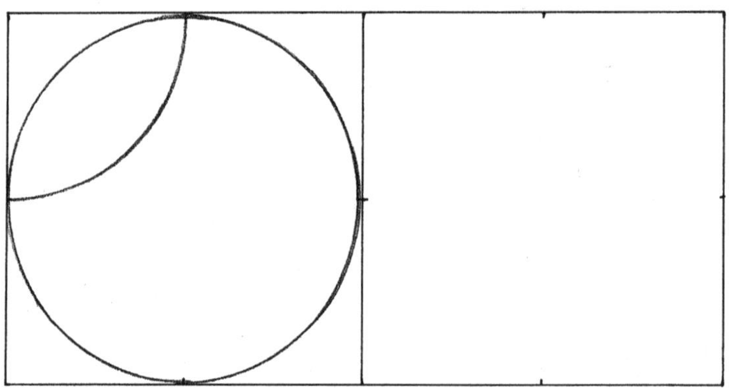

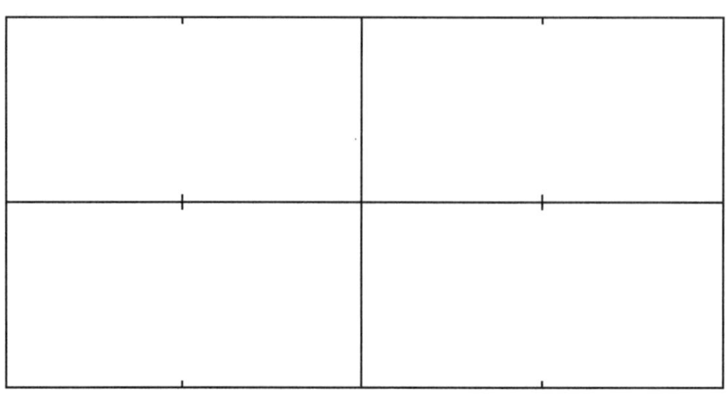

Senkrechte und parallele Geraden

zu Buchseite 32/33

(1) Welche Geraden sind parallel zu der Geraden a?
Fahre sie bunt nach.

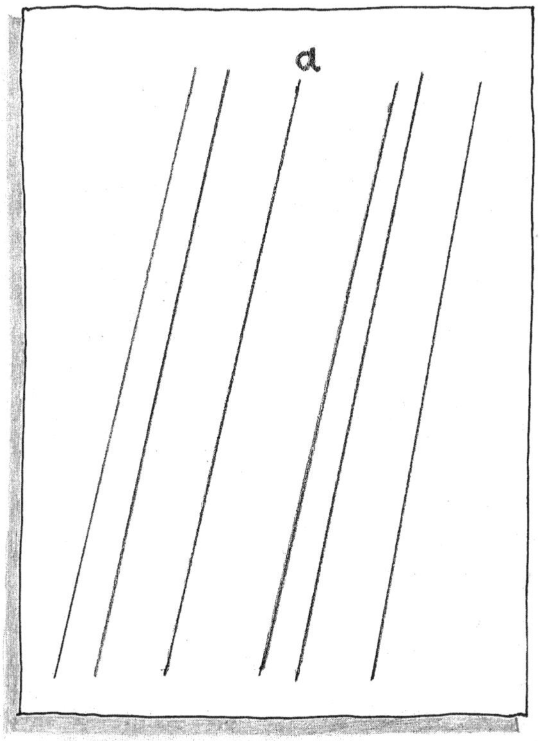

(2) Ist c die Verlängerung von a oder von b?

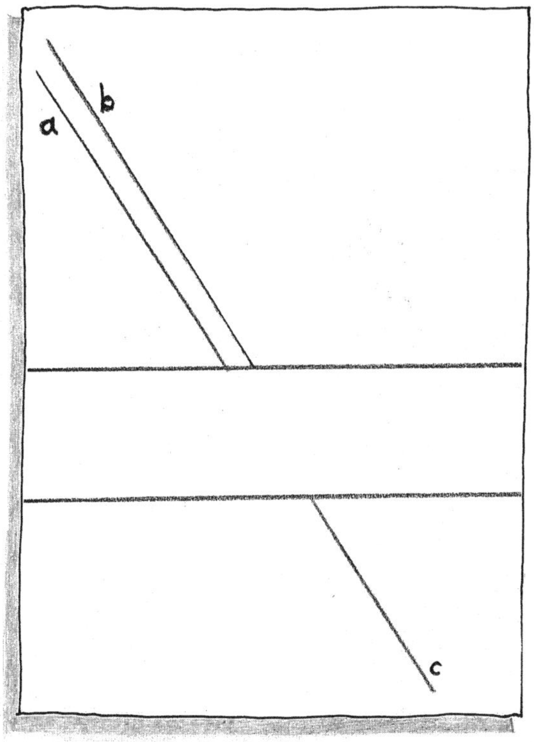

(3) Was kann aus diesem Bild noch werden? Zeichne weiter.

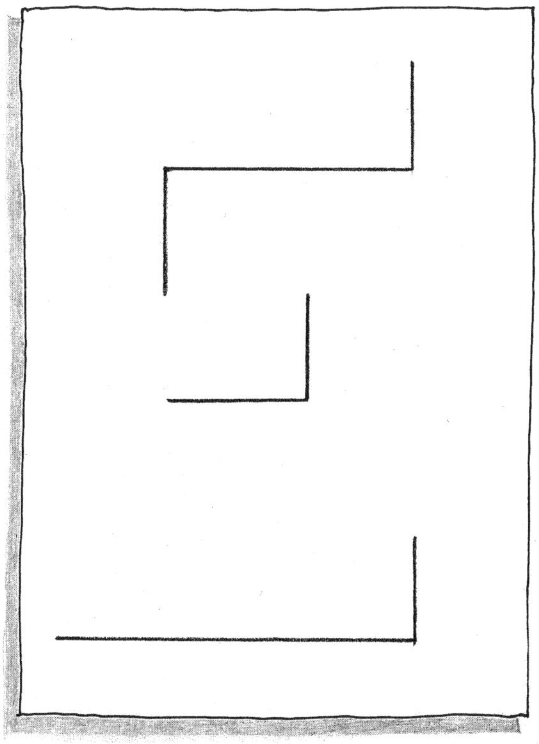

(4) Zeichne zu beiden Geraden parallele Geraden im Abstand von einem halben Zentimeter.

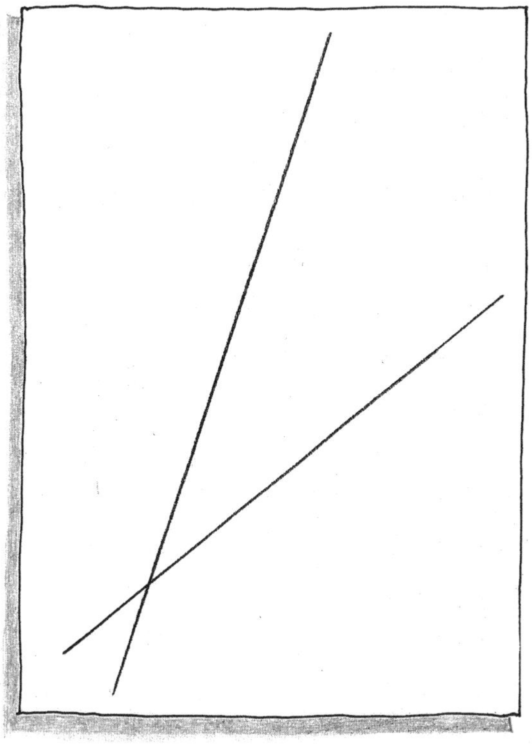

Interessante Ergebnisse beim Multiplizieren

zu Buchseite 36/37

(1)

(2)

(3)

(4)

Die Muster in den Ergebnissen kannst du zur Selbstkontrolle nutzen.

Malnehmen mit Zehnerzahlen

zu Buchseite 38/39

(1)

40 · 60 = ____
400 · 60 = ____
40 · 600 = ____
400 · 600 = ____
4 000 · 600 = ____

600 · 80 = ____
60 · 80 = ____
6 000 · 80 = ____
600 · 800 = ____
600 · 8 000 = ____

9 000 · __ = 36 000
900 · __ = 36 000
____ · 400 = 36 000
____ · 40 = 36 000
____ · 4 = 36 000

(2)

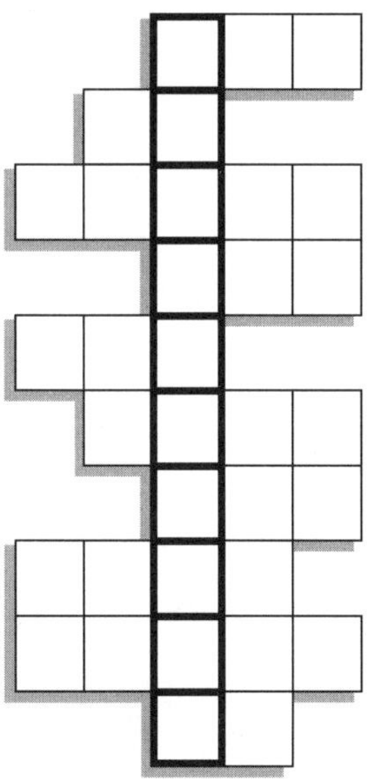

6 · 70
560 : 8
38 · 900
5 000 : 10
14 800 : 100
266 · 30
9 000 : 30
638 · 2
970 · 30
3 600 : 60

Lösungswort: ....

1	2	3	4	5	6	7	8	9	0
F	T	R	M	H	I	O	E	P	A

(3)

•	80	800	8
7			
70			
700			

•		90	30
40	8 000		
		81 000	
			90 000

(4) Malnehmen mit besonderen Zahlen

252 · 200

168 · 300

126 · 400

84 · 600

63 · 800

56 · 900

Teilen mit Köpfchen

zu Buchseite 38/39

1 Rechne und vergleiche:

40 000 —:4→ ________ —:5→ ________

40 000 —:20→ ________

80 000 —:8→ ________ —:50→ ________

80 000 —:____→ ________

600 000 —:6→ ________ —:50→ ________

600 000 —:300→ ________

800 000 —:2→ ________ —:200→ ________

800 000 —:____→ ________

2 Sieh dir die Aufgaben gut an. Je 2 Aufgaben haben gleiche Ergebnisse.
Du brauchst nur jeweils diese beiden Aufgaben auszurechnen.

10 020 : 2 = ________	300 300 : 3 = ________	240 048 : 4 = ________
20 040 : 5 = ________	600 300 : 3 = ________	480 096 : 2 = ________
20 040 : 4 = ________	600 600 : 3 = ________	480 096 : 8 = ________
60 030 : 3 = ________	600 600 : 6 = ________	480 096 : 6 = ________

3 Sieh dir das erste Päckchen gut an. Bilde 2 weitere ähnliche Päckchen.

24 080 : 8 = ________	300 030 : 6 = ________	700 070 : 70 = ________
24 800 : 8 = ________	330 030 : 6 = ________	________ : 70 = ________
24 008 : 8 = ________	________ : 6 = ________	________ : 70 = ________
24 088 : 8 = ________	________ : 6 = ________	________ : 70 = ________

4 Zerlege in gut teilbare Zahlen:

8 932 : 4 = ________ 2 052 : 6 = ________ 7 565 : 5 = ________

5 Vergleiche in jedem Päckchen die erste Aufgabe mit den anderen Aufgaben.
Löse die Aufgaben durch Überlegen. Kontrolliere mit dem Taschenrechner.

25 000 : 5 = ______	24 000 : 6 = ______	28 000 : 7 = ______
24 995 : 5 = ______	23 994 : 6 = ______	27 300 : 7 = ______
24 990 : 5 = ______	23 940 : 6 = ______	27 930 : 7 = ______
24 950 : 5 = ______	23 400 : 6 = ______	27 923 : 7 = ______

Zerlegen von Malaufgaben

zu Buchseite 40/41

① Trage die fehlenden Zahlen in die Maltabelle ein.

•	300	50	7	
20				→
8				→
	↓	↓	↓	

357 · 28 = ☐

•	600	60	6	
40				→
9				→
	↓	↓	↓	

666 · 49 = ☐

•	700	80	4	
30				→
	1400			→
	↓	↓	↓	

_____ · _____ = ☐

•	200	0		
70			560	→
6				→
	↓	↓	↓	

_____ · _____ = ☐

•	200		3	
	16000			→
8		480		→
	↓	↓	↓	

_____ · _____ = ☐

•		20		
60	48000			→
7			35	→
	↓	↓	↓	

_____ · _____ = ☐

② Rechne die Aufgaben. Was fällt dir auf?

77 · 13 77 · 26 77 · 39 77 · 52

Du kannst noch weitere Aufgaben finden.

Schöne Ergebnisse

zu Buchseite 40/41

(1)

(2) Malaufgaben aus den Ziffern: 3 4 8 1 5

348 · 15   348 · 51   815 · 34   815 · 43

Bilde weitere Aufgaben.

(3) Beine in Millionenhöhe

In Krabbelhausen gibt es 16 Gasthöfe, in jedem Gasthof gibt es 17 Kammern, in jeder Kammer stehen 18 Betten. In jedem Bett liegen 3 Gäste. Auf jedem Gast krabbeln 19 Flöhe und jeder Floh hat 6 Beine. Wie viele Flohbeine gibt es in Krabbelhausen?

Erst überschlagen, dann rechnen!

zu Buchseite 42/43

(1) Das Siebenfache dieser Zahlen soll zwischen 6 000 und 15 000 liegen.
Für welche Zahlen gilt das? Kreise sie ein. Rechne dann.

482 1587 851 2019 1723 879 2156 3898

(2) Bilde mit den Zahlen mindestens 6 Aufgaben, deren Ergebnis zwischen 80 000 und 100 000 liegt. Rechne aus.

7 11 067 2 674 24 10 946
96 3 138 1 053 9
3 831 11 905 929 33

(3) Kann das denn stimmen?
Kreuze alle Aufgaben an, bei denen du sofort erkennst, dass das Ergebnis falsch ist. Ermittle dann das richtige Ergebnis.

$84 \cdot 7 = 588$ ☐	$988 \cdot 86 = 84\,968$ ☐
$632 \cdot 8 = 4\,056$ ☐	$210 \cdot 48 = 15\,080$ ☐
$593 \cdot 9 = 5\,337$ ☐	$418 \cdot 9 = 7\,942$ ☐

Vom Geldausgeben und Sparen

zu Buchseite 44/45

(1)

Rechenbrief von: FELIX

Familie Sparsam sitzt in einer Pizzeria. Zunächst will sich der Vater eine Pizza für 6,40 €, die Mutter eine Pizza für 5,80 €, die beiden Kinder je eine Pizza für 4,90 € bestellen. Schließlich bestellen sie eine Familienpizza für 12,50 €.
Wie viel Geld haben sie gespart?

Antwort: ....

....

Von:

(2)

Rechenbrief von: Paula

Ich habe 156 € gespart.
Rosa hat genau 107,23 €.

Wie viel Geld kann ich ausgeben, bis ich genauso viel habe wie Rosa?

Antwort: ....

....

Von:

(3)

In Rosas Rechenbrief darfst du selbst Zahlen einsetzen.

Rechenbrief von: Rosa

Felix hat von seiner Oma .... € bekommen und von seiner Patentante ..... €. Er bringt das Geld zur Bank. Er nimmt auch das Taschengeld mit, das er gespart hat, genau ..... €. Insgesamt hat er jetzt ..... € auf dem Konto. Wie viel Geld hatte Felix vorher schon auf dem Konto?

Antwort: ....

....

Von:

(4) Verändere Rosas Rechengeschichte:

....

....

....

....

Olgun war Lira-Millionär

zu Buchseite 44/45

Olgun hat in der Tageszeitung einen Artikel über die Türkei gefunden:

Keine Millionäre mehr

In der Türkei ein Millionär zu sein, war lange nichts Besonderes. Schließlich war zuletzt ein Euro so viel Wert wie 1,81 Millionen türkische Lira oder umgekehrt 1 Million Lire waren so viel wert wie 0,56 €. Für einen größeren Einkauf musste bündelweise Geld mitgenommen werden. Die kleinste Münze war eine 25 000-Lira-Münze, der kleinste Schein war der 500 000-Lira-Schein.

(1) a) Wie viel Lira war ein Euro zuletzt wert? ....

b) Wie viele Euro bekam man für 1 000 000 Lire? ....

c) Welchen Wert hatte der kleinste Lira-Schein? ....

d) Welchen Wert hat der kleinste Euro-Schein? ....

(2) Man kann sich sicherlich vorstellen, dass das Rechnen mit so großen Zahlen Probleme bereitete. Darum hat die Türkei zum 1. 1. 2005 die neue türkische Lira eingeführt. 1 000 000 alte türkische Lira sind soviel Wert wie 1 neue türkische Lira.

a) Wie viel Euro entsprechen jetzt einer neuen türkischen Lira? ....

b) Wie viel Euro ist jetzt ein 100-Lira-Schein wert? ....

(3) Wie viel haben die Leute beim Umtausch ihres Geldes erhalten? Wie viel sind diese Scheine und Münzen in Euro und Cent wert? Trage die Zahlen in die Tabelle ein.

Scheine		
Alte türk. Lira	Neue türk. Lira	Euro
500 000		
1 000 000		
5 000 000		
10 000 000		
20 000 000		

Münzen		
Alte türk. Lira	Neue türk. Lira	Euro
100 000		
50 000		
25 000		
250 000		

(4) Olgun hat von seinem letzten Besuch in der Türkei noch Geld.

a) Wie viele alte türkische Lira sind das? ....

b) Wie viele neue türkische Lira erhält Olgun dafür? ....

c) Wie viel ist das in Euro und Cent? ....

Zu viel Zucker?

zu Buchseite 46/47

(1) Der Zuckerkonsum ist seit 1800 in Deutschland fast ständig gestiegen.

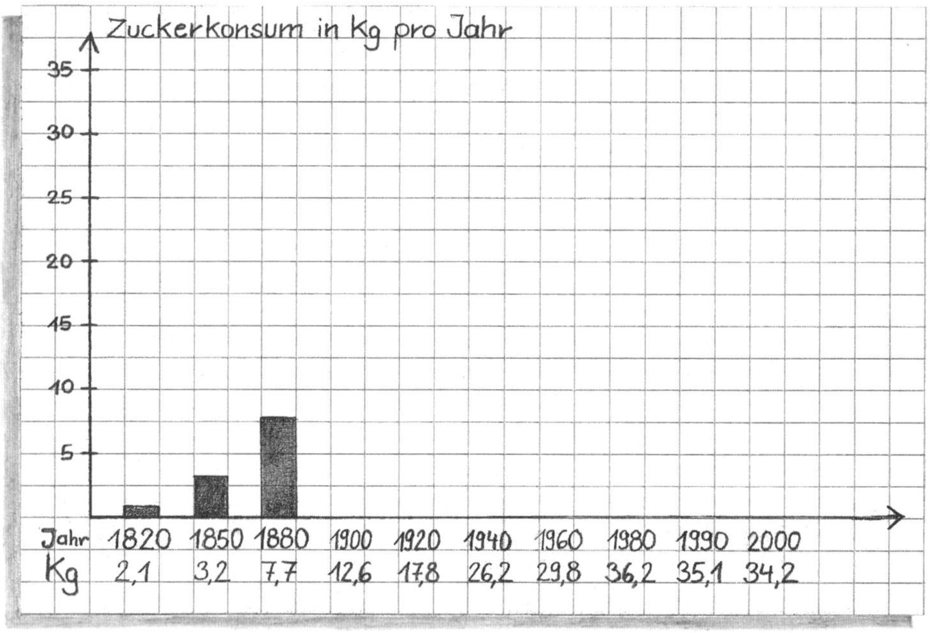

Vervollständige das Diagramm.
Was kannst du ablesen?

....

....

....

....

....

....

....

....

(2) Berechne die Zunahme oder Abnahme des Zuckerverbrauchs.

Zeitraum	Zunahme / Abnahme
1820 – 1850	
1850 – 1880	
1880 – 1900	
1900 – 1920	
1920 – 1940	
1940 – 1960	
1960 – 1980	
1980 – 1990	
1990 – 2000	

(3) Der jährliche Zuckerverbrauch in Europa beträgt heute pro Person durchschnittlich 36 kg. Wie viel ist das etwa pro Monat und pro Tag? Rechne für 1 Jahr 360 Tage.

Antwort: .... pro Monat.
.... pro Tag.

a) Nach Empfehlungen der Weltgesundheitsbehörde sollte man pro Tag nicht mehr als 45 g Zucker essen.
Wie viel ist das etwa pro Jahr?

Antwort: ....

b) Vergleiche dein Ergebnis mit dem durchschnittlichen Zuckerverbrauch in Deutschland. Was stellst du fest?

Antwort: ....

zu Buchseite 46/47

(1) Zucker wird seit 1801 in Deutschland aus Zuckerrüben gewonnen.
1 Zuckerrübe enthält etwa 85 g Zucker.

Rüben	Zuckergehalt
1	etwa 85 g
2	
4	
8	
10	
12	
20	
200	
2000	

a) Fülle die Schließtabelle vollständig aus.
b) Wie viele Rüben braucht man etwa für 1 kg, wie viele für 10 kg Zucker?

Antwort: ....

....

c) Wie viele Rüben werden für deinen Jahresbedarf (34 kg) gebraucht?

Antwort: ....

(2) Auf einem Quadrat mit der Seitenlänge 1 m (1 Quadratmeter oder m^2) wachsen ungefähr 8 Zuckerrüben.
Wie viel kg Zucker kann man daraus gewinnen?

Antwort: ....

....

....

(3) Wenn 1 Zuckerrübe ungefähr 500 g wiegt, wie viele wiegen dann 10 kg, 50 kg, 1 000 kg?
Löse die Aufgabe mithilfe der Schließtabelle.

Rüben	Gewicht
1	etwa 500 g

Antwort: ....

....

(4) Für Zuckerspezialisten:
1 Zuckerwürfel wiegt etwa 3 g. Auf einem Rübenfeld, das so groß ist wie ein Fußballfeld, wachsen Rüben, die etwa 6 000 kg Zucker enthalten. Kannst du berechnen, wie viele Zuckerwürfel das wären?

Antwort: ....

Rechnen mit Gewichten

zu Buchseite 48/49

(1) Wie viel Kilogramm fehlen bis zu einer Tonne?

1 Tonne	
275 kg	
98 kg	
666 kg	

1 Tonne	
46,5 kg	
182,2 kg	
850,9 kg	

1 Tonne	
360 kg 300 g	
588 kg 70 g	
99 kg 880 g	

(2) Wähle jeweils zwei Gewichtsangaben aus.
a) Addiere sie. b) Berechne den Unterschied. Rechne mehrere Aufgaben.

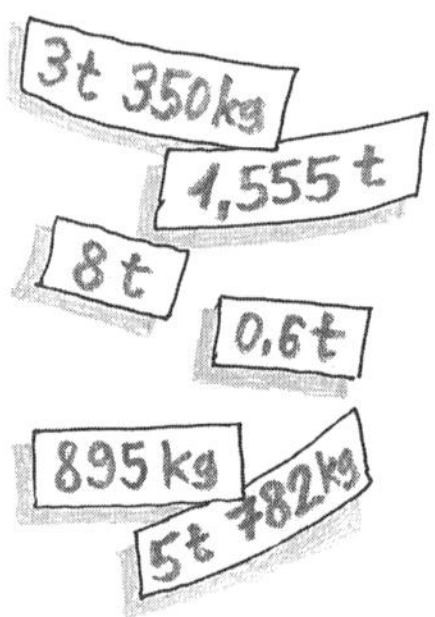

Ist es nicht erstaunlich, dass Papier eigentlich leicht, Bücher jedoch schwer sind?

(3) Ein DIN-A4-Blatt Papier wiegt etwa 7 g.
Wie viel wiegen 500 Blatt?

Antwort: ....

(4) Das Mathematikbuch „Die Matheprofis 4“ wiegt 440 g. Es hat 108 Seiten.

a) Wie viel wiegt der Einband, wenn ein Blatt genau 7 g wiegt?

Antwort: ....

....

b) Wie viel wiegen 25 Mathematikbücher?

Antwort: ....

(5) Irina, Paula und Rosa bringen ihre alten Zeitungen zur Altpapiersammelstelle. Zusammen wiegen die Zeitungen 10 kg. Irinas Zeitungen wiegen 3 140 g und Paulas 2 kg 950 g. Rosa sagt: Ich weiß genau, wie schwer meine Zeitungen sind. Weißt du es auch?

Antwort: ....

....

(6) Auf einer Waage liegen vier kleine Rechenhefte und ein großes Rechenheft. Das große Rechenheft wiegt doppelt so viel wie ein kleines Rechenheft.
Die Waage zeigt 366 g.
Wie viel wiegt ein kleines Rechenheft, wie viel das große?

Antwort: ....

....

Rechnen mit Litern und Millilitern

zu Buchseite 50/51

(1) Überlege, welche Liter-Angabe zu den abgebildeten Gefäßen passen könnte.

Inhalt	50 ml	200 ml	500 ml	800 ml	4 l
Gefäß					

(2) Du möchtest den Eimer füllen.

- Wie oft musst du den Inhalt eines kleinen Tetrapacks (500 ml) hineingießen? _____ Mal
- Wie oft den Inhalt einer Espressotasse (50 ml)? _____ Mal
- Wie oft den Inhalt eines Saftglases (200 ml)? _____ Mal
- Wie oft den Inhalt einer Kanne (800 ml)? _____ Mal

(3) Verbinde die Literangaben, die den gleichen Wert haben.

1,75 l   570 ml   0,570 l   500 ml $\frac{1}{2}$ l

1750 ml   0,7 l   700 ml   0,75 l   750 ml

(4) Ordne nach der Größe. Beginne mit der kleinsten Angabe.

2500 ml, 250 l, 2 l, 500 ml, 50 ml, 500 l.

....

Beginne nun mit der größten Angabe.

$^1/_2$ l, $^1/_4$ l, $^1/_{10}$ l, 1 l, 2 l, 4 l.

....

zu Buchseite 50/51

(1) Für ein Schulfrühstück werden 44 Tassen Milch gebraucht.

a) Wie viel Liter sind das ungefähr? Was schätzt du? ....

b) Rechne nun genau nach. Eine große Tasse fasst ungefähr 150 ml.

c) Wie viele Tassen mit 200 ml Inhalt könnte man damit füllen? ....

1 Tasse	150 ml
2 Tassen	300 ml

(2) Menschen, Tiere und Pflanzen können ohne Wasser nicht leben.

Berechne, wie viel Liter Flüssigkeit Kinder und Erwachsene pro Tag trinken müssen.

Kinder brauchen 90 ml pro kg

kg	ml
10	
30	
40	
50	
...	

Erwachsene brauchen 45 ml pro kg

kg	ml
10	
50	
60	
80	
...	

(3) Menschen, Tiere und Pflanzen bestehen zu großen Teilen aus Wasser.

Wenn du das Körpergewicht durch 3 teilst und das Ergebnis mal 2 nimmst, weißt du, wie viel Liter Wasser im Körper verteilt sind.

Gewicht kg	:3	·2	Wasseranteil l
60			
30			
45			
51			
75			
90			

(4) Ein Elefant braucht am Tag etwa 150 l Wasser. Er kann auf einmal etwa 10 Liter Wasser in seinen Rüssel saugen. Überlege dir 2 Rechenfragen dazu.

....

....

Antworten: ....

....

(5) Etwa 10 Monate im Jahr gibt eine Kuh jeden Tag 24 l Milch. Auf einem Milchbauernhof sind etwa 30 Kühe. Für einen Liter Milch erhält der Bauer 30 ct.

Was könntest du alles berechnen? Schreibe deine Fragen, Berechnungen und Lösungen in dein Heft.

Rechnen mit Euro und Cent

zu Buchseite 52/53

(1) Welche Preise können stimmen? Kreuze an.

1 ℓ Milch	¼ Pfund Butter	1 kg Käse	Nougatcreme	Brot
0,59 € ☐	0,25 € ☐	25,95 € ☐	1,98 € ☐	3,79 € ☐
0,21 € ☐	0,89 € ☐	1,43 € ☐	0,52 € ☐	5,99 € ☐
1,87 € ☐	1,59 € ☐	7,59 € ☐	0,25 € ☐	1,99 € ☐

(2) Reicht das Geld? Überschlage (runde auf volle Euro) und kreuze an.

  2,79
+ 2,98
+ 7,99
+ 4,96
+ 1,15
+ 4,39
----

ja ☐
nein ☐

   4,99
+ 11,49
+ 9,98
+ 1,11
+ 4,95
----

ja ☐
nein ☐

  1,17
+ 1,09
+ 1,49
+ 1,47
+ 1,97
+ 1,39
+ 1,44
----

ja ☐
nein ☐

Überschlag:

(3) Fülle die Preistabellen aus:

Gewicht	100 g	200 g		500 g	800 g	1 kg		5 kg	7 kg
Preis	1,20 €		4,80 €				36 €		

Gewicht	100 g	50 g	250 g	500 g	1 kg	2 kg	4 kg	7 kg
Preis					2,00 €			

(4) Welches Angebot ist günstiger? Woran kannst du das erkennen?

....

zu Buchseite 52/53

(1) Großeinkauf für die Kinderparty. Wie hoch ist der Gesamtpreis?

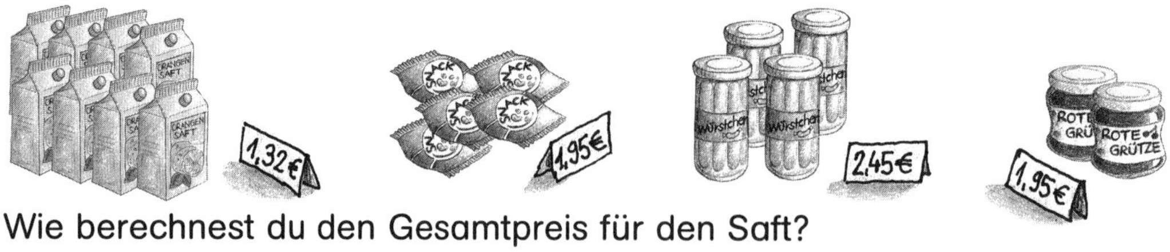

Wie berechnest du den Gesamtpreis für den Saft?

so? — 1,32€ · 8

oder so? — 132 ct · 8

oder vielleicht so?
8 · 1€ = ____€
8 · 32 ct = _____ct
8,00€ + 2,56€ = _____€

Berechne die Preise auf deine Art.

Antwort: ....

(2) Rechne möglichst viele Aufgaben im Kopf.

1,98 € + 3,15 € = ____________ €	3 · 2,25 € = ____________ €
16,05 € + 23,59 € = ____________ €	4 · 3,99 € = ____________ €
2,79 € + 0,99 € = ____________ €	3 · 5,30 € = ____________ €
20,15 € − 13,65 € = ____________ €	10 · 2,50 € = ____________ €
63,99 € − 41,35 € = ____________ €	20 · 1,50 € = ____________ €
7,09 € − 3,68 € = ____________ €	9 · 9,99 € = ____________ €

5,00 € − 3,10 € − 0,81 € = ____ €	10,00 € − 4,50 € − 3,80 € = ____ €
5,00 € − 1,24 € − 2,69 € = ____ €	20,00 € − 2,99 € − 3,01 € = ____ €

zu Buchseite 52/53

Bei uns im Supermarkt gab es neulich die Aktion „Schulsachen in Mengen günstiger". Für ein Heft zahlte ich sonst immer 0,75 €. Jetzt kosteten 5 Hefte genau 3 €. Ich habe schnell 5 Stück gekauft. Wie viel habe ich dabei gespart?

Olgun

Antwort: ....

Bei Foto-Max gibt es ein supergünstiges Internetangebot. Mein Vater zahlt sonst immer 0,21 € für einen Abzug in der Größe 11 X 15 cm. Für Bearbeitung zahlen wir sonst 3,50 €.
Wenn er 12 Fotos bei Foto-Max bestellt, wie viel Euro spart er dann? Und bei 24 oder 36 Fotos?

FOTO-MAX

STAFFEL-PREISE	Anzahl der Abzüge		
	1 – 9	10 – 74	75 – 124
10 X 15 cm	0,09 €	0,07 €	0,06 €
11 X 15 cm	0,10 €	0,08 €	0,08 €

Versand KOSTENLOS!
Bearbeitungsgebühr: 2,50 €

Antwort: ....

Wie viel Geld kann ich bei diesen Sonderangeboten sparen?

Paula

Antwort: ....

....
....
.................?
Gespart habe ich also ....€.

Irina

Wie könnte die Frage zu Irinas Rechenbrief lauten?

....

....

Antwort: ....

Textaufgaben mit kleinen Unterschieden

zu Buchseite 54/55

Neulich sah Erkan einen Lkw. Schon hatte er Ideen für neue Rechenprobleme.

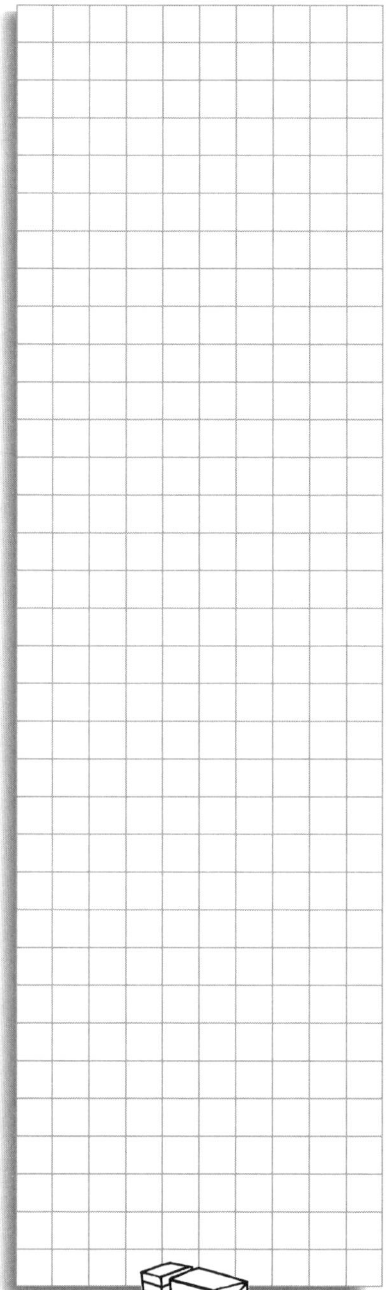

(1) Ein Lastwagen wiegt unbeladen 4 t 700 kg. Er wird mit 6 Kisten beladen. Eine Kiste wiegt 800 kg. Wie schwer ist nun sein Gesamtgewicht?

Antwort: ....

....

(2) Ein Lastwagen wiegt leer 3 t 500 kg. Mit einer Kiste beladen wiegt er 4 t 200 kg. Wie viel wiegt er, wenn er mit 5 Kisten beladen ist?

Antwort: ....

....

(3) Ein Lastwagen wiegt leer 4,1 t. Mit 4 gleich schweren Kisten beladen wiegt er nun 5,7 t. Wie schwer ist eine Kiste?

Antwort: ....

....

(4) Ein Lastwagen wird mit 6 kleinen und einer großen Kiste beladen. Die Kisten wiegen zusammen 1 240 kg. Die kleinen Kisten sind alle gleich schwer. Die große Kiste wiegt doppelt so viel wie die kleinen.

Finde eine Rechenfrage:

....

Antwort: ....

....

(5) a) Wie unterscheiden sich die Aufgaben? ....

....

....

b) Welche Aufgabe hast du am liebsten gerechnet? Kannst du aufschreiben, warum?

....

....

....

(1) a) Die Klasse 4a plant einen Besuch im Kinder- und Jugendtheater. Der Eintritt beträgt für Kinder 3 €, für Erwachsene 6 €.

Wie viel Geld müssen sie für 24 Kinder und 8 Erwachsene an die Theaterkasse überweisen?

Antwort: ....

....

b) Die Klasse 4a bezahlt für einen Klassenausflug, bei dem 24 Kinder und 8 Erwachsene teilnehmen, insgesamt 120 €. Ein Erwachsener zahlt doppelt so viel wie ein Kind.

Was kostet der Klassenausflug für ein Kind?

Antwort: ....

....

(2) a) Am Abend entnimmt der Bademeister dem Eintrittsautomaten die Karten.
Er zählt: 52 Familienkarten, 83 Kinderkarten, 129 Erwachsenenkarten.
Wie hoch waren die Einnahmen an diesem Tag, wenn eine Familienkarte 4,50 €, eine Kinderkarte 1,50 € und eine Erwachsenenkarte 3,50 € kosten?

Antwort: ....

....

b) Am Tag zuvor hat das Schwimmbad 110 € weniger eingenommen. Es waren nur 42 Familienkarten und 119 Erwachsenenkarten im Automaten. Auch Kinderkarten waren es nicht so viele.

Finde heraus, wie viele es an diesem Tag waren.

Antwort: ....

....

Bruchteile eines Ganzen

zu Buchseite 56/57

(1) a) Schreibe die Brüche zu den passenden Kreisen und färbe die entsprechende Fläche.

$\frac{3}{6}$, $\frac{3}{4}$, ~~$\frac{1}{2}$~~, $\frac{2}{6}$, $\frac{2}{4}$, $\frac{2}{8}$, $\frac{4}{8}$, $\frac{1}{4}$

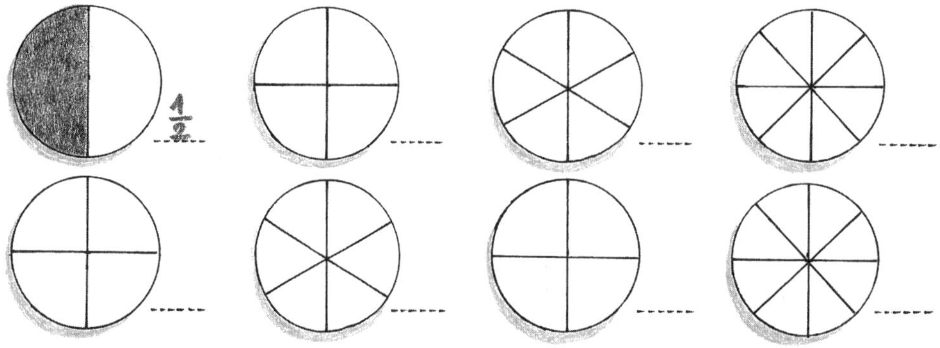

$\frac{1}{2}$ ______ ______ ______

______ ______ ______ ______

b) Welche Brüche sind gleich groß?

$\frac{1}{2} = \frac{2}{4}$ ______ ______ ______ ______ ______

(2) Wie viel der Fläche ist grau? Wie viel ist weiß?

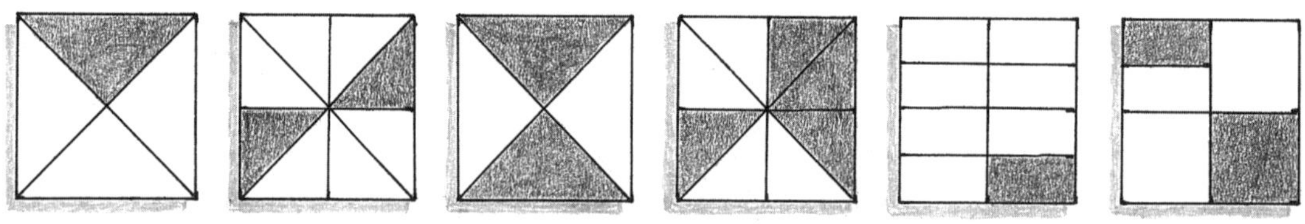

grau	weiß	grau	weiß	grau	weiß	grau	weiß	grau	weiß	grau	weiß
$\frac{1}{4}$	$\frac{3}{4}$										

(3) Zeichne die Bruchteile ein und schreibe in min.

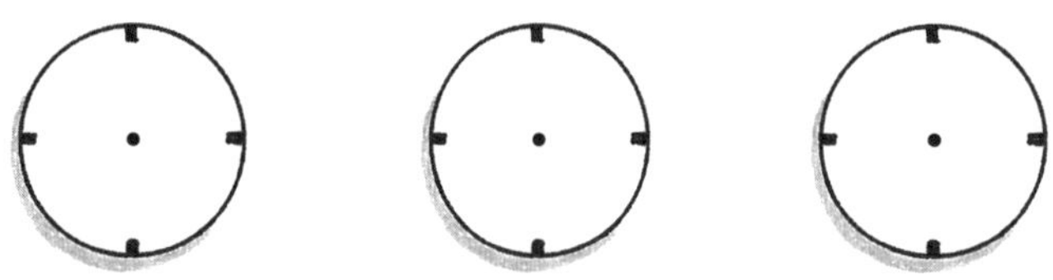

$\frac{1}{4}h + \frac{1}{2}h =$ ____ min $\frac{1}{4}h + \frac{3}{4}h =$ ____ min $\frac{1}{4}h + \frac{1}{4}h =$ ____ min

(4) Ergänze:

20 min	+10 min →	$\frac{1}{2}$h
35 min	→	1h
35 min	→	$\frac{3}{4}$h
5 min	→	$\frac{1}{4}$h

(5) Rechne um.

$\frac{1}{2}$ l = _____ ml $\frac{1}{2}$ kg = _____ g 250 g Mehl = ______ kg Mehl

125 g Wurst = ______ kg Wurst

$\frac{1}{4}$ l = _____ ml $\frac{1}{4}$ kg = _____ g 750 ml Saft = ______ l Saft

$\frac{3}{4}$ l = _____ ml $\frac{3}{4}$ kg = _____ g 250 ml Milch = ______ l Milch

zu Buchseite 60/61

(1) Interessante Ergebnisse beim Teilen

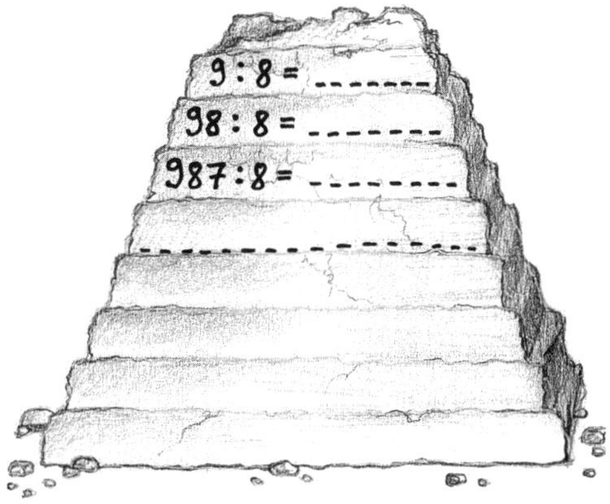

Findest du die nachfolgenden Aufgaben?

(2) 7 928 | 15 884 | 21 849 | 35 390 | 47 056 | 83 015 | 98 764

Überschlage: Durch welche Zahl zwischen 2 und 9 kannst du diese Zahlen so teilen, dass du jeweils 5 Ergebnisse erhältst, die …

… kleiner als 3 000 sind:	… zwischen 4 000 und 8 000 liegen:	… größer als 10 000 sind:
______	______	______
______	______	______
______	______	______
______	______	______
______	______	______

(3) Löse die Aufgaben im Heft.

Kann das stimmen?

zu Buchseite 62/63

(1) Fülle die Lücken so, dass keine Reste bleiben. Rechne die Aufgaben.

3256__ : 2 =

7509__ : 4 =

3356__ : 3 =

7509__ : 9 =

(2) Kann das denn stimmen?!
Kreuze alle Aufgaben an, bei denen du sofort siehst, dass das Ergebnis falsch sein muss. Rechne dann genau. Mache auch die Probe.

a)
5 112 : 9 = 568 ☐
3 942 : 6 = 657 ☐
5 439 : 7 = 707 ☐

b)
52 857 : 9 = 5 873 ☐
27 552 : 8 = 4 444 ☐
40 008 : 6 = 6 668 ☐

c)
30 240 : 40 = 756 ☐
57 180 : 60 = 953 ☐
24 550 : 50 = 501 ☐

Aus Felix' Trickkiste

zu Buchseite 62/63

① Felix stellt 3 Behauptungen auf. Prüfe sie nach:

Das Ergebnis von $15 \cdot 15 - 1$ ist durch 14 und durch 16 ohne Rest teilbar.
Das Ergebnis von $15 \cdot 15 - 1$ ist durch 15 und durch 17 ohne Rest teilbar.
Das Ergebnis von $17 \cdot 17 - 1$ ist durch 16 und durch 18 ohne Rest teilbar. FELIX

② Die Ergebnisse dieser drei Aufgaben haben eine Gemeinsamkeit.

$712850 : 50 =$

$997990 : 70 =$

$570280 : 40 =$

③ Die Zahl 519 840 ist durch sieben Zehnerzahlen teilbar. Finde mindestens 2.

Wenn du willst, kannst du im Heft weiter arbeiten.

Zahlenrätsel

zu Buchseite 66/67

(1) Das Fünffache einer Zahl ergibt 125.
Wie heißt die Zahl? _________

(2) Der 3. Teil einer Zahl ergibt 17.
Wie heißt die Zahl? _________

(3) Wenn ich meine Zahl mit 5 multipliziere, danach 1 230 addiere und zum Schluss durch 6 teile, erhalte ich 500. Wie heißt meine Zahl? _________

(4) Ich denke mir eine Zahl, teile sie durch 9, multipliziere das Ergebnis mit 20 und addiere 920. Das Ergebnis ist 3 000. Wie heißt meine Zahl? ___________________

(5) Drei Zahlen ergeben zusammen 10 000.
Die Erste ist halb so groß wie die Zweite.
Die Zweite ist die Hälfte der Gesamtsumme. Wie groß ist die dritte Zahl?

____

(6) Die erste Zahl ist das Dreifache der zweiten.
Die zweite Zahl ist das Doppelte von 848.
Die dritte Zahl ist die Differenz der ersten und der zweiten Zahl.
Wie groß ist die Summe der drei Zahlen?

____

Rechenbriefe zum Wassersparen

zu Buchseite 68/69

Rechenbrief von: Irina

a) Wenn man beim Zähneputzen das Wasser abstellt, verringert sich der Verbrauch von etwa 4 l auf 1,5 l. Wie viel Wasser spart man wohl an einem Tag, in einer Woche, in einem Monat? Überlege: Wie oft putzt du dir am Tag die Zähne?

b) Wir sind zu Hause 4 Personen. Wie viel können wir an einem Tag, in einer Woche, in einem Monat sparen?

Antwort a) ....

....

Antwort b) ....

....

Von: ....

Rechnung:

Rechenbrief von: Paula

a) Wenn man die Dusche beim Einseifen abstellt, kann man den Wasserverbrauch von 60 l auf 35 l verringern. Papa und ich duschen jeden Tag. Wie viel können wir in einem Monat sparen?

b) Wie viele Badewannen könnten wir damit füllen? Unsere fasst 150 l.

Antwort a) ....

....

Antwort b) ....

....

Von:

Rechnung:

Rechenbrief von: Rosa

a) Unser Spülkasten war neulich undicht. 25 l sind da in der Stunde durchgelaufen. Wie viel Wasser ging so an einem Tag verloren?

b) Nach 10 Tagen kam der Klempner. Vom Wasserwerk weiß ich, dass 1 000 l Wasser 3,50 € kosten. Wie viel Geld ist also durch die Spülung geflossen?

Antwort a) ....

....

Antwort b) ....

....

Von:

Rechnung:

Rechnung:

Flächen untersuchen

zu Buchseite 70/71

(1) Bestimme den Flächeninhalt und den Umfang.

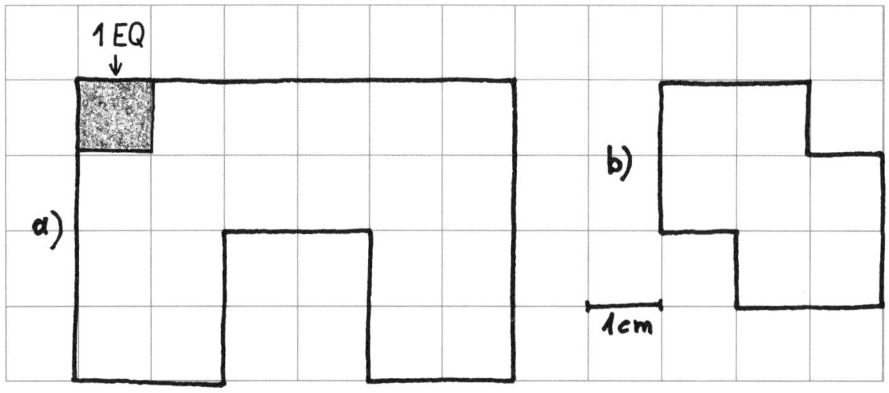

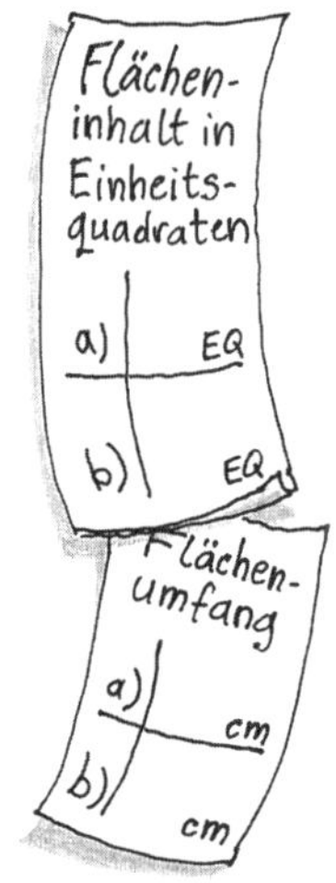

(2) Wie viele 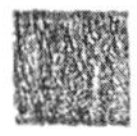, wie viele , passen auf diese Flächen?

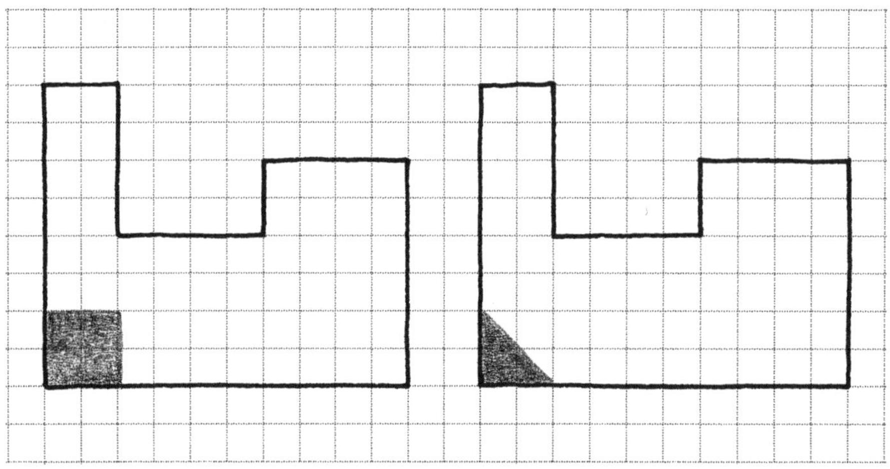

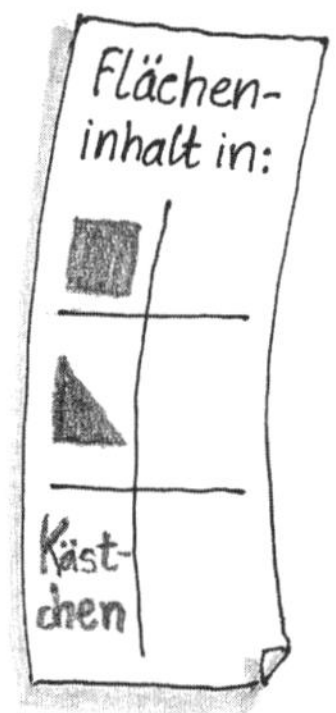

(3) Zeichne Figuren, die den gleichen Flächeninhalt haben wie die abgebildeten.

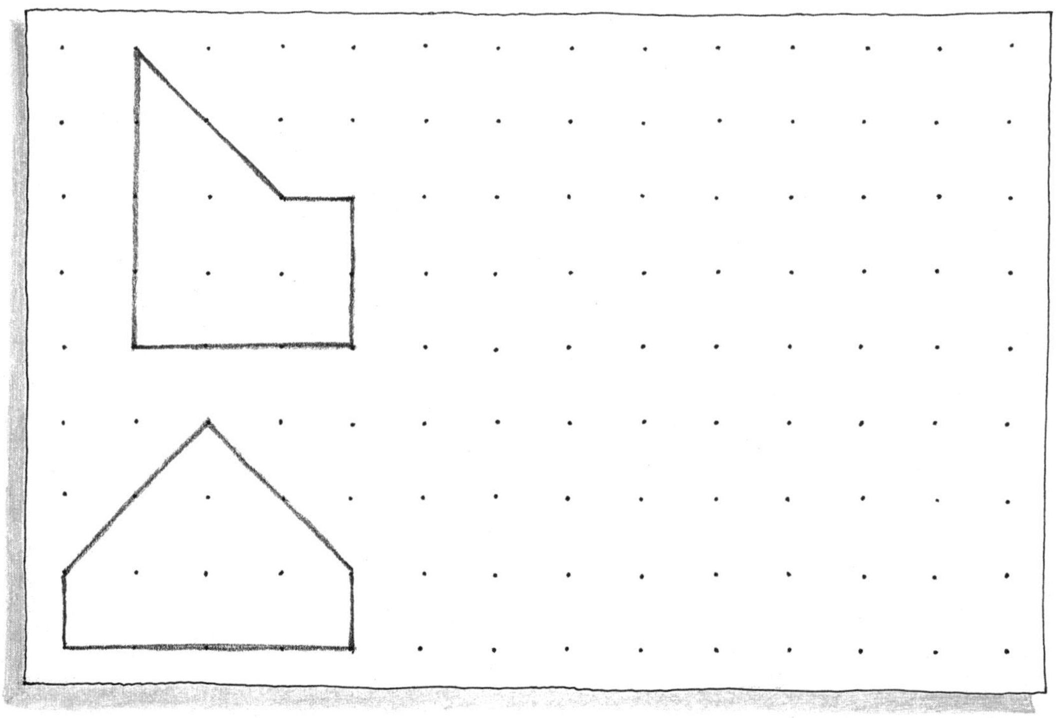

Vergrößern – Verkleinern

zu Buchseite 72/73

(1)

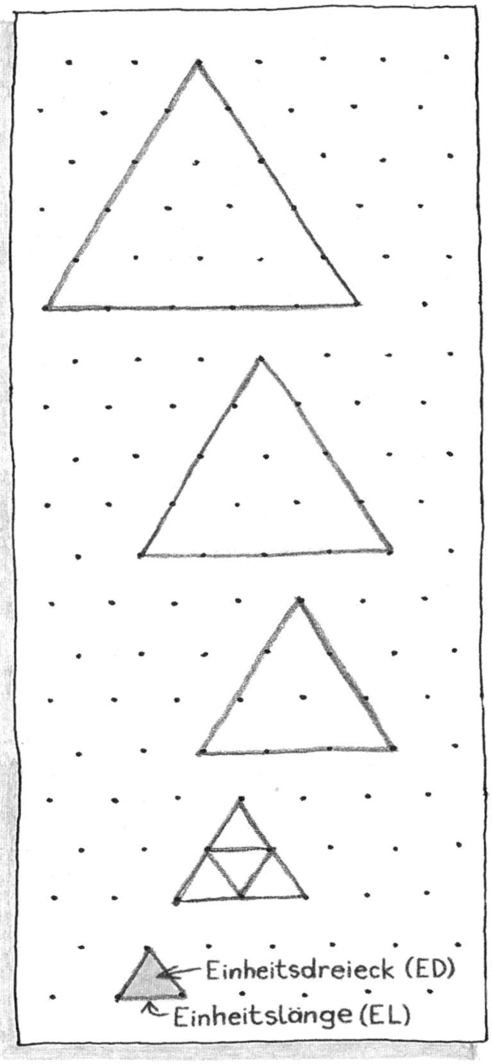

Wie verändern sich Umfang und Flächeninhalt dieser Dreiecke?

	Umfang	Inhalt
kleinstes Dreieck	3 EL	1 ED
1. Vergrößerung		
2. Vergrößerung		
3. Vergrößerung		
4. Vergrößerung		
5. Vergrößerung?		

(2) Vergrößere die Figur, indem du die Seiten doppelt so lang zeichnest.

(3) Verkleinere die Figur, indem du die Seiten halb so lang zeichnest.

(4) Zeichne eine Figur aus 4 Dreiecken und verdopple den Umfang.

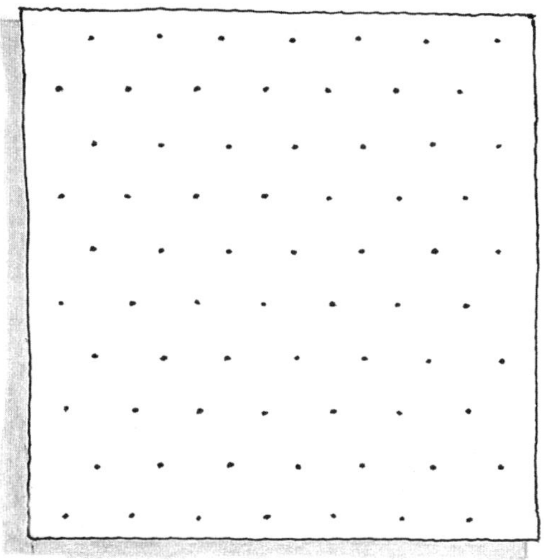

Große Zeiträume

zu Buchseite 74/75

(1) Was meinst du?

Wie viele Tage dauert ungefähr eine Jahreszeit? Mit welcher Überschlagsrechnung könntest du die Antwort finden?

Überschlag:

Antwort: ....

(2) Die Jahreszeiten sind nicht genau gleich lang. Woran könnte das liegen?

....

Rechne aus, wie viele Tage jede Jahreszeit dauert.

Frühjahr

20. 3.

Sommer

Herbst

Winter

(3) Wie viele Tage eines Jahres vergehen, bis der Sommer anfängt?

Antwort: ....

(4) Wie viele Dezembertage gehören zum Winter?

Antwort: ....

(5) Zwei Rechenbriefe:

Unendliche Weiten – Der Flug zum Mars

zu Buchseite 76/77

(1) Der Mars ist unser nächster Planet im Sonnensystem. Darum wird er um das Jahr 2020 herum der erste Planet sein, den Menschen außerhalb der Erde betreten werden.
Vieles weiß man schon jetzt vom Mars.
Mit diesen Daten kannst du Erde und Mars vergleichen.

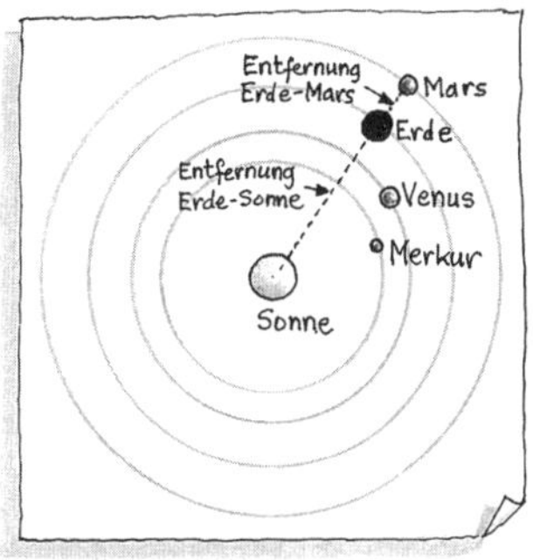

	Erde	Mars
Umlaufzeit um die Sonne	etwa 365 Tage 6 h	686 Tage
Umlaufbahn in km	940 000 000 km	1 428 000 000 km
Entfernung zur Sonne in km	149 000 000 km	228 000 000 km

Vergleiche die Daten. Kannst du die folgende Frage beantworten?

a) Wie weit ist der Mars von der Erde entfernt, wenn Mars, Erde und Sonne auf einer gedachten Linie liegen?

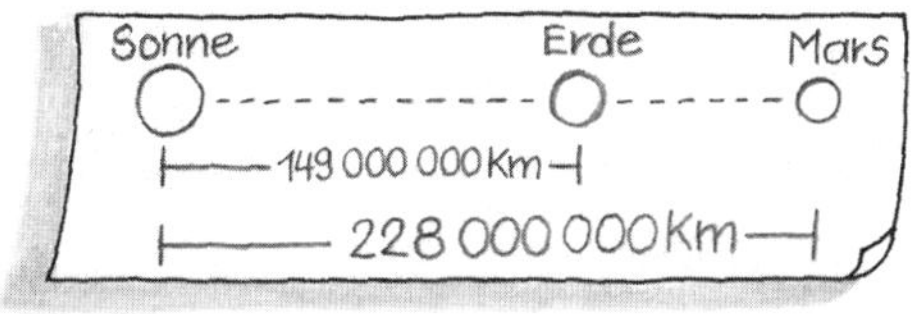

Antwort: ....
....
....

b) Wie viele Tage braucht der Mars mehr, um einmal um die Sonne zu kreisen?

Antwort: ....
....
....

(2) Ein großes Problem beim ersten Flug zum Mars wird die Dauer des Fluges sein.

a) Wie lang wäre eine Rakete unterwegs, wenn sie 10 000 km/h fliegt?
Denke an Hin- und Rückflug.
(Überschlage: 100 h ≈ 4 Tage)

Kilometer	Stunden (Tage)
10 000	1 h
100 000	10 h
1 000 000	100 h (4 Tage)
	Tage
	Tage
	Tage

Antwort: ....
....

b) Wie lang bräuchte sie, wenn sie 20 000 km/h fliegt?

Antwort: ....
....
....

Rechnen mit Größen

zu Buchseite 78/79

(1) Wer weiß Bescheid?

Wie viele Euro sind 1 000 000 Cent?
Antwort: ....

Wie viele Cent sind 100 Euro?
Antwort: ....

Wie viele Stunden hat ein Monat?
Antwort: ....

Wie viele Sekunden hat eine Stunde?
Antwort: ....

Wie viele Gramm hat eine Tonne?
Antwort: ....

Wie viele Millimeter hat ein Kilometer?
Antwort: ....

Wie viele Milliliter sind 100 Liter?
Antwort: ....

Wie viele Liter sind 1 000 000 Milliliter?
Antwort: ....

(2) Trage die Größenangaben in die Tabellen ein. Finde die andere Schreibweise.

17 cm = 0,17 m
3 m 8 cm = _______ cm
120 dm = _______ m
2 350 mm = _______ m
1 km 180 m = _______ km
3,25 m = _______ cm
0,811 km = _______ m

km	100 m	10 m	m	dm	cm	mm
				1	7	

1120 g = _______ kg
2 kg 50 g = _______ g
23,5 kg = _______ g
3,5 t = _______ kg
2085 kg = _______ t
1,250 t = _______ kg
10 kg 9 g = _______ g

t	100 kg	10 kg	kg	100 g	10 g	g
			1	1	2	

zu Buchseite 76/77

(1) Wer findet die vier Fehler? Überlege, wie die Fehler wohl entstanden sind. Verbessere sie.

3 dm = 30 cm	960 dm = 9 600 m	17 m 5 dm = 17,50 m
50 cm = 500 mm	3,070 km = 3 070 m	6 km 48 m = 6 480 m
20 mm = 2 cm	6 m = 0,006 km	3 m 2 cm = 3,02 m
7 cm = 0,7 m	0,50 m = 5 cm	7 km 7 m = 7007 m

(2) Platz für Verbesserungen

(3) Welche Strecke ist länger? Was vermutest du? Kreuze an. Rechne dann genau nach.

- ○ a) 50 cm + 7 dm + 6 000 mm + 7 m
- ○ b) 3 m + 70 cm + 12 dm + 500 mm
- ○ c) 11 dm + 250 cm + 2 m + 3 000 cm

(4) Wie groß ist der Unterschied?

a) 5 km − 2 km 325 m = ______ km
12 km − 1 890 m = ______ km

b) 5 kg − 1 580 g = ______ kg
11,2 kg − 845 g = ______ kg

(5) Überschlage zuerst und rechne dann genau.

349 km · 9

Überschlag:

34,9 km · 9

Überschlag:

98,05 kg · 15

Überschlag:

9805 kg · 15

Überschlag:

Fahrpreise und Fahrzeiten

zu Buchseite 80/81

(1) *Durch eine Zugverspätung auf ihrer Reise kamen Felix, Paula und Irina erst um 17.47 Uhr in Berlin an. Sie waren um 9.22 Uhr in Frankfurt losgefahren. Das Ticket für alle zusammen kostete nur 28 €. Als Paulas Mutter sie abholte, sagte sie: „Das nächste Mal fahrt ihr mit dem IC."*

Nun beginnen die Kinder zu fragen:
- Wie viel Zeit hätten wir dann gespart?
- Wie viel Geld müssen wir für den IC mehr bezahlen?
- Wie viel kostet überhaupt eine Fahrt mit dem IC von Frankfurt nach Berlin für uns drei?
- Wie lange dauert eigentlich die Fahrt mit dem IC?

Welche Information fehlen ihnen, um alle Fragen zu beantworten?

....

Das haben sie bei der Auskunft erfahren:

Abfahrt IC ab Frankfurt:
9.15 Uhr
Ankunft Berlin:
13.09 Uhr

Fahrpreis IC
Frankfurt – Berlin
für ein Kind: 53,20 €
Für jedes weitere Kind
die Hälfte

Beantworte die Fragen. Überlege, mit welcher Aufgabe du beginnen willst.

Antwort: ....

....

....

(2) Wie lange dauerten diese Reisen?

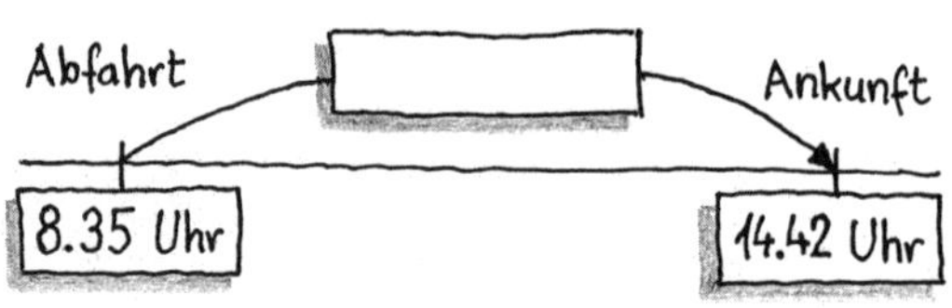

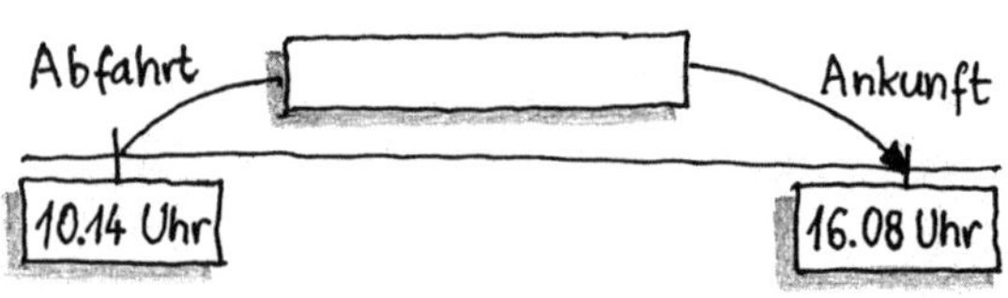

(3) Wann begannen oder endeten diese Reisen?

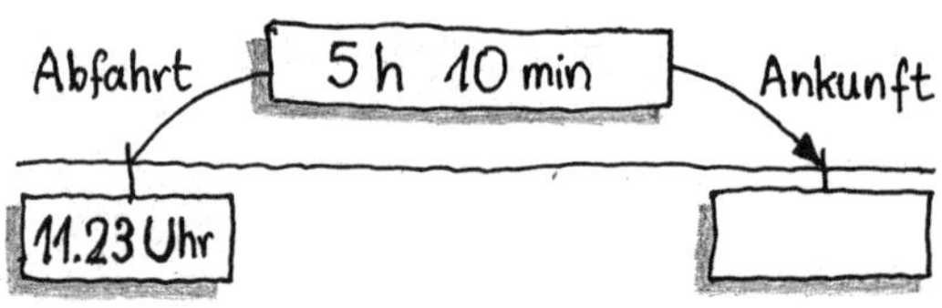

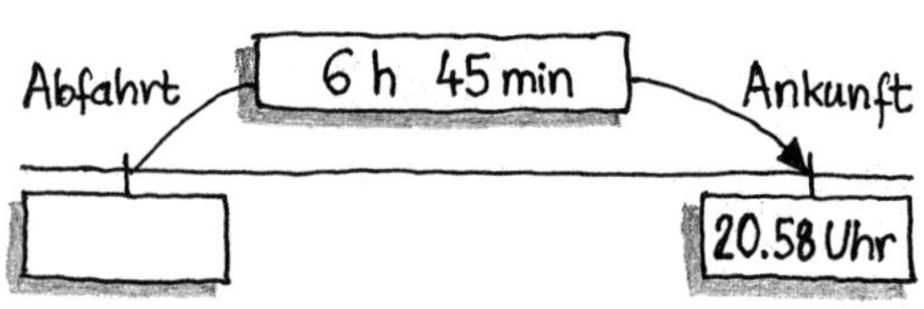

Olguns Reisenotizen

zu Buchseite 80/81

Olgun hat sich während der Reise nach Istanbul einige Notizen gemacht. Wofür hat er sich besonders interessiert?

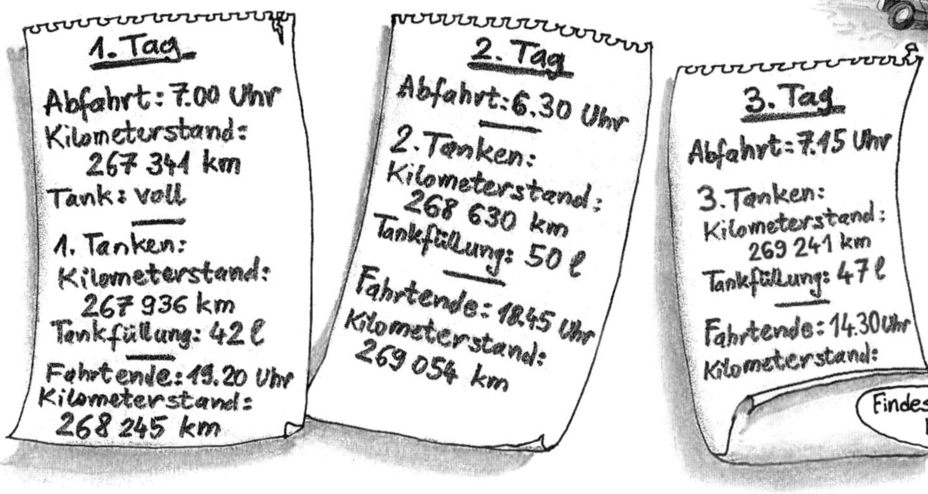

(1) Was kannst du aus Olguns Aufzeichnungen berechnen? Schreibe Fragen auf:

....

....

....

....

Antworten: ....

....

....

....

(2) Die gesamte Fahrtstrecke beträgt laut Routenplaner 2230 km. Wie viele Kilometer ist Olguns Familie am dritten Tag gefahren?

Antwort: ....

Von Zeitzonen und Flugzeiten

zu Buchseite 82/83

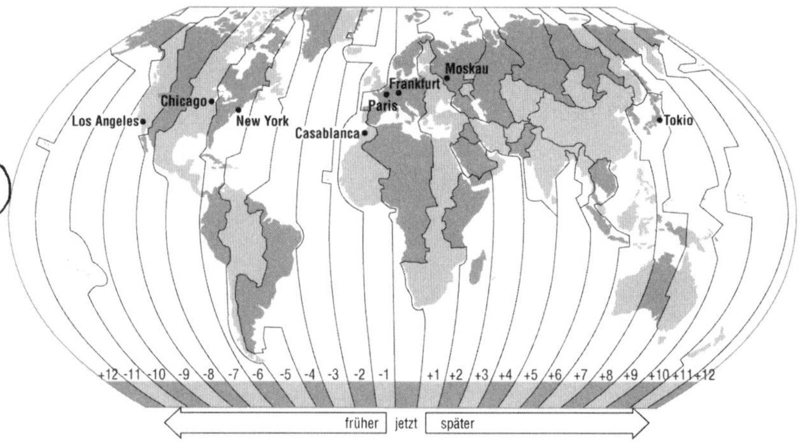

Die Weltzeitkarte zeigt den Zeitunterschied zwischen den Städten in der MEZ und in anderen Zeitzonen der Welt. Mit diesen Angaben kannst du berechnen, wie spät es überall auf der Welt ist.

(1) Wie groß ist der Zeitunterschied …

a) … zwischen Frankfurt und Tokio? _______ Stunden

b) … zwischen Frankfurt und New York? _______ Stunden

(2) Überlege, wie man den Zeitunterschied zwischen anderen Städten berechnen könnte.

Wie groß ist zum Beispiel der Zeitunterschied zwischen …

… Chicago und Los Angeles? _______ Stunden

… Moskau und Chicago? _______ Stunden

… Los Angeles und Tokio? _______ Stunden

(3) Wenn es in Frankfurt 2.00 Uhr morgens ist, dann ist es in …

… Casablanca _______Uhr. … Chicago _______Uhr. … Los Angeles _______Uhr. … Tokio _______Uhr.

(4) Die Zeitverschiebung hat manchmal erstaunliche Folgen.
Kann man z. B. früher ankommen, als man gestartet ist?
Die Concorde war das schnellste Passagierflugzeug der Welt.
Sie flog z. B. von Paris nach New York. Heute fliegt sie nicht mehr.

Abflug Paris (MEZ): 10.30 Uhr *Ankunft New York (Ortszeit): 8.25 Uhr*

Wie lang war die Flugzeit?

Antwort: ....

(5) Wie viel Uhr ist es in ....?
Schau dir die Lage der Städte an und überlege immer, ob du plus oder minus rechnen musst.

Wenn es in Moskau 4.30 Uhr ist, dann ist es in Tokio _______ Uhr.

Wenn es in Los Angeles 22.10 Uhr ist, dann ist es in Frankfurt _______ Uhr.

Wenn es in Tokio 15.42 Uhr ist, dann ist es in Chicago _______ Uhr.

Spiegeln an mehreren Achsen

zu Buchseite 84/85

(1) Spiegle die Figuren an beiden Symmetrieachsen.

a)

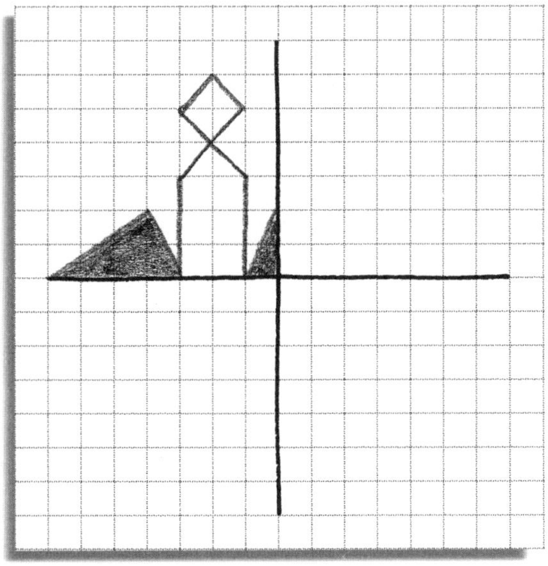

b)

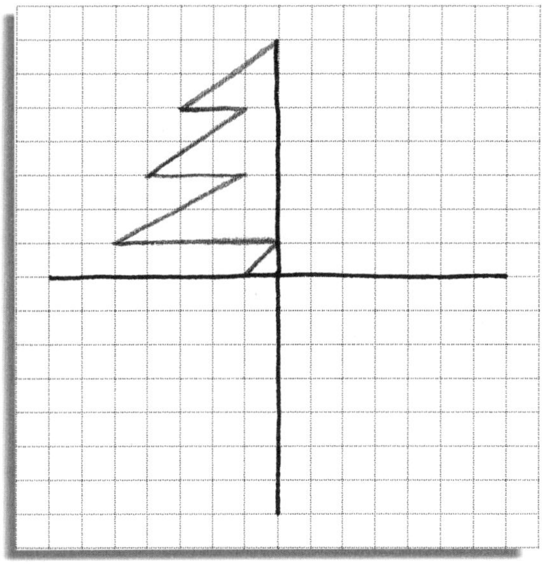

(2) Wie viele Symmetrieachsen sind hier eingezeichnet?
Spiegle das vorgegebene Muster.

a)

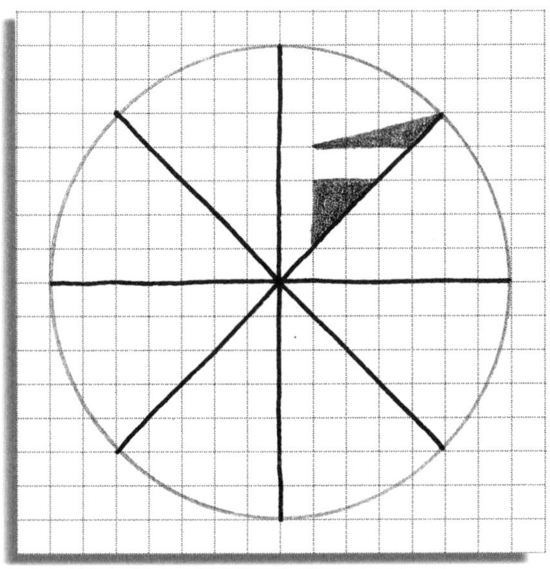

b)

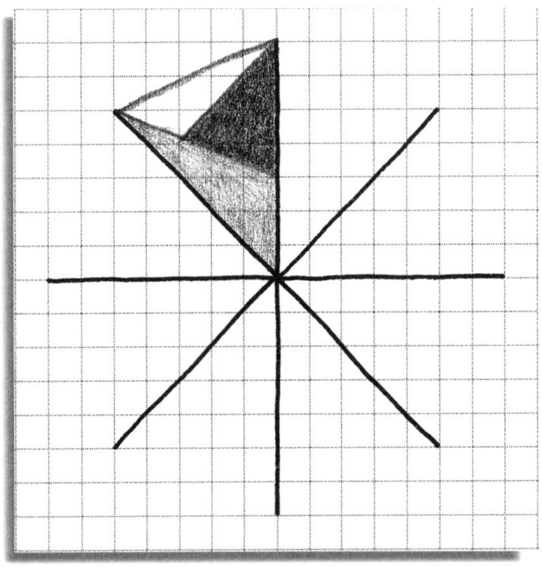

(3) Falte ein Quadrat dreimal. Schneide an der langen Dreiecksseite verschiedene Formen aus. Wie viele Symmetrieachsen haben deine Faltschnitte?

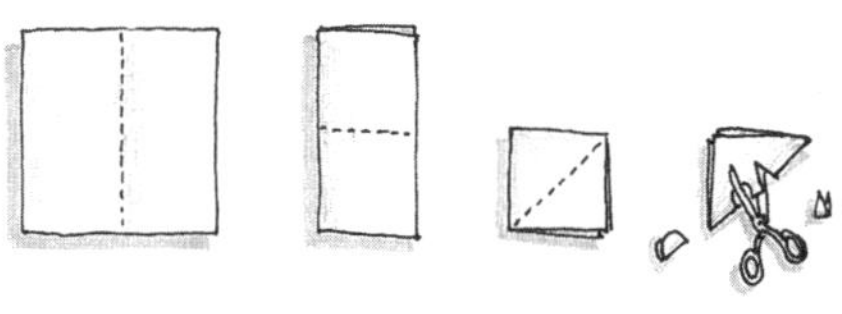

Antwort: ....

Drehsymmetrische Figuren

zu Buchseite 86/87

(1) Drehe diese Figuren mehrfach um ein Viertel des Kreises.

a)

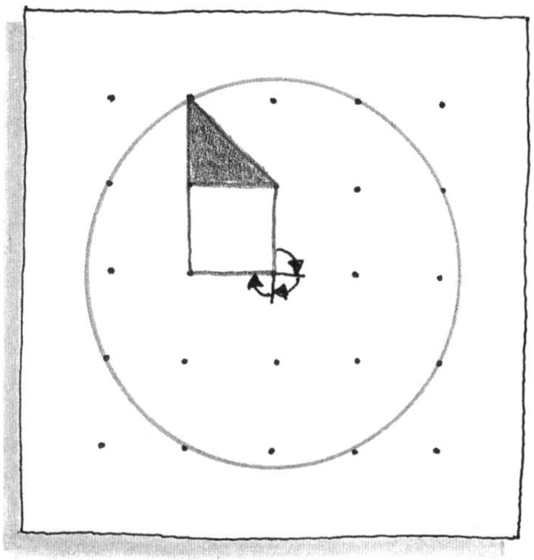

b)

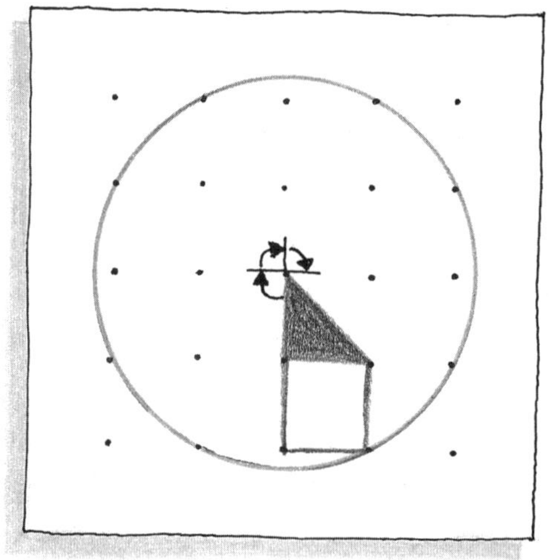

(2) Wie liegen diese Rechtecke nach einer Vierteldrehung, wie nach einer halben Drehung, wie nach einer Dreivierteldrehung? Zeichne alle Lagen ein.

a)

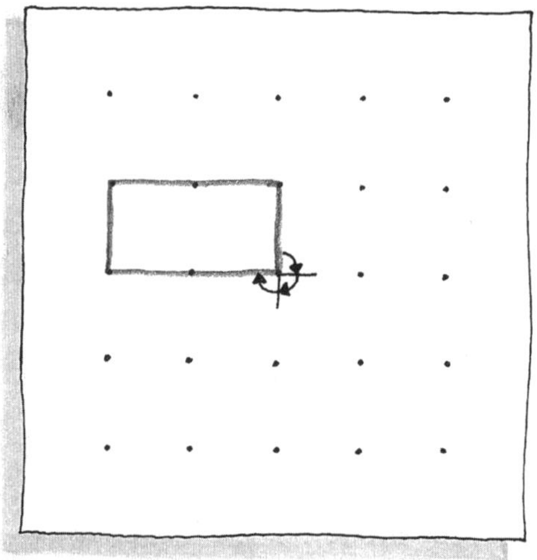

b)

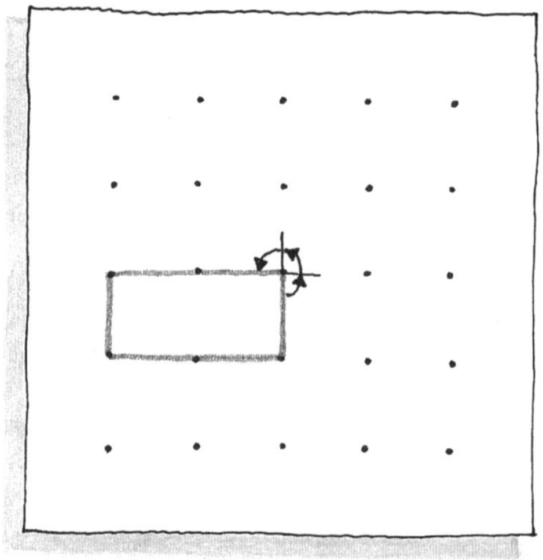

(3) Male die Muster so an, dass ein drehsymmetrisches Bild entsteht.

a)

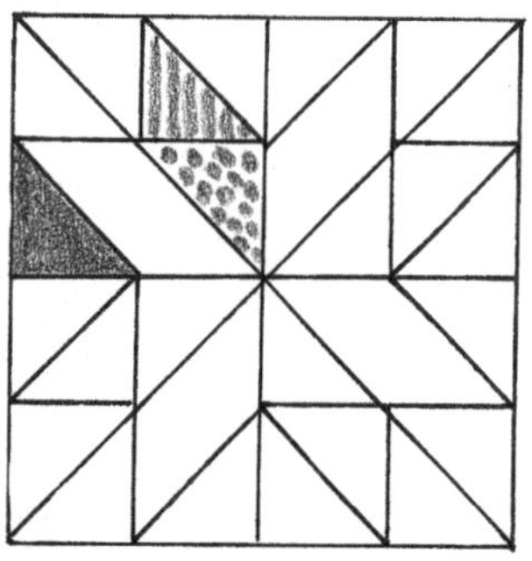

b)

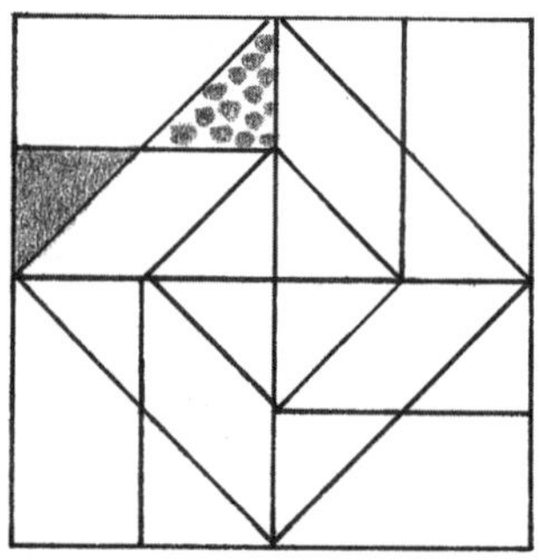

Rechnen mit Platzhaltern

zu Buchseite 90/91

1 Rechnen mit Platzhaltern. Hier hilft die Umkehraufgabe.

a) $\blacksquare + 2\,380 = 4\,700$ $\quad\blacksquare + 4\,250 = 9\,300$ $\quad 5\,200 = \blacksquare + 680$

$4\,700 - 2\,380 = \square$ $\quad$ ______ $= \square$ $\quad$ ______ $= \square$

b) $\blacksquare - 3\,170 = 6\,400$ $\quad\blacksquare - 2\,450 = 6\,800$ $\quad 8\,400 = \blacksquare - 1\,280$

______ $= \square$ $\quad$ ______ $= \square$ $\quad$ ______ $= \square$

c) $6 \cdot \blacksquare = 108$ $\quad 196 = \blacksquare \cdot 7$ $\quad \blacksquare \cdot 9 = 171$ $\quad 720 = \blacksquare \cdot 60$

______ $= \square$ $\quad$ ______ $= \square$ $\quad$ ______ $= \square$ $\quad$ ______ $= \square$

d) $\blacksquare : 3 = 360$ $\quad 42 = \blacksquare : 6$ $\quad 94 = \blacksquare : 3$ $\quad \blacksquare : 60 = 70$

______ $= \square$ $\quad$ ______ $= \square$ $\quad$ ______ $= \square$ $\quad$ ______ $= \square$

2 Rechnen mit Platzhaltern. Welche Aufgabe hilft hier?

a) $3\,800 - \blacksquare = 1050$ $\quad 7\,210 - \blacksquare = 3\,090$ $\quad 5\,215 = 8\,620 - \blacksquare$

______ $\quad$ ______ $\quad$ ______

b) $2\,800 : \blacksquare = 40$ $\quad 36\,000 : \blacksquare = 90$ $\quad 155 : \blacksquare = 5$ $\quad 162 : \blacksquare = 6$

______ $\quad$ ______ $\quad$ ______ $\quad$ ______

3 In jeder Waage sollen für die beiden Platzhalter gleiche Zahlen (von 1 - 9) eingesetzt werden. Welche Zahlen sind es jeweils? Probiere in Gedanken aus.

4 Welche Zahlen von 1 - 9 kannst du für x einsetzen?

$x \cdot 15 < 105$ $\quad x \cdot 24 > 120$ $\quad 303 - x < 299$ $\quad 3\,998 + x > 4\,004$

x = {______} $\quad$ x = {______} $\quad$ x = {______} $\quad$ x = {______}

5 Denke dir eine zweistellige Zahl x. Addiere 4 und multipliziere das Ergebnis mit 3. Subtrahiere x. Dividiere durch 2. Subtrahiere 2. Subtrahiere x. Wähle verschiedene Zahlen für x und rechne mehrmals. Was fällt dir auf?

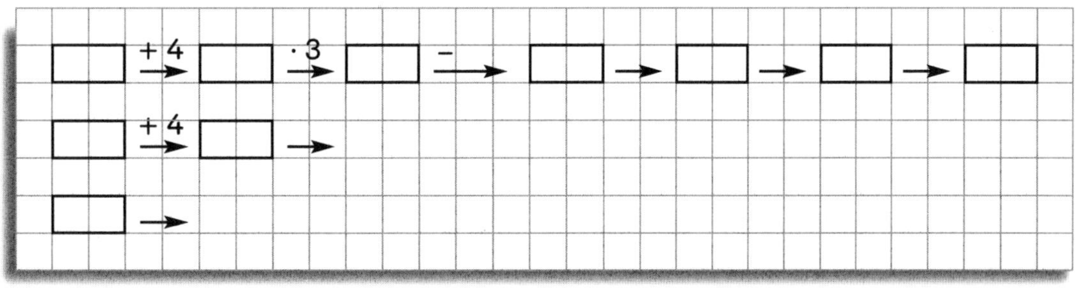

Knobelaufgaben mit Zahlen und Rechnungen

zu Buchseite 90/91

(1) Erinnerst du dich noch?

Das sind Quadratzahlen:

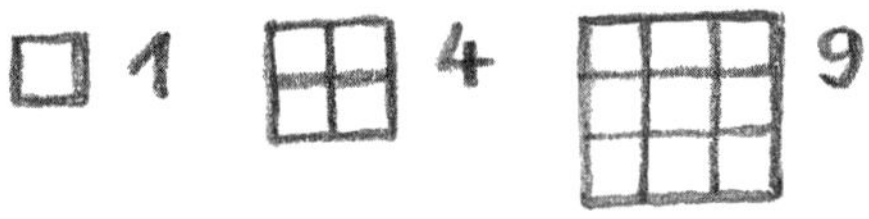

Und das sind Dreieckszahlen:

Finde die erste Zahl (nach der 1), die sowohl eine Quadrat, als auch eine Dreieckszahl ist.

Tipp: Überlege, wie die Reihen weitergehen. Schreibe ein paar weitere Zahlen auf.

(2) Setze die richtigen Rechenzeichen und, wenn nötig, Klammern ein.

7 ◯ 8 = 60 ◯ 4   6 ◯ 4 ◯ 4 = 6 ◯ 8 ◯ 8

36 ◯ 6 = 48 ◯ 8   35 ◯ 5 ◯ 3 = 60 ◯ 40 ◯ 10

Tipp: Setze auf einer Seite ein Rechenzeichen ein und probiere.

(3) Setze zwischen die Ziffern so Pluszeichen, dass eine richtige Rechnung entsteht.
(Beispiel: 1 + 1 + 1 + 1 + 1 = 5,   11 + 1 + 1 + 1 = 14 oder 11 + 11 + 1 = 23)

2 2 2 2 2 = 28   2 2 2 2 2 = 46

2 2 2 2 2 = 244

4 4 4 4 4 4 = 60   4 4 4 4 4 4 4 = 100

4 4 4 4 4 4 4 4 = 500

Tipp: Schau dir an, wie viele Stellen das Ergebnis hat..

Für echte Profis:

9 8 7 6 5 4 3 2 1 = 99   8 8 8 8 8 8 8 8 = 1000

(4) Zum Schluss ein Zahlenrätsel:

a) Doppelt soviel + die Hälfte + ein Viertel + 1 = 100

Tipp: Probiere es mit verschiedenen Zahlen. Betrachte, wie sich das Ergebnis verändert.

b) Welche aufeinander folgenden Zahlen ergeben zusammen 100?

Mit Skizzen zur Lösung

zu Buchseite 92/93

(1) Olguns Familie ist umgezogen. Seitdem wohnt er in der Nähe von Rosa. Sein Bruder Erhan hat ihn heimlich beobachtet und festgestellt, dass Olgun nach der Schule immer Rosa nach Hause bringt und dafür einen kleinen Umweg in Kauf nimmt.
Er hat eine Skizze gemalt und stellt dazu die Frage:
„Wie viele km läuft der verliebte Olgun in einer Woche mehr als nötig?"

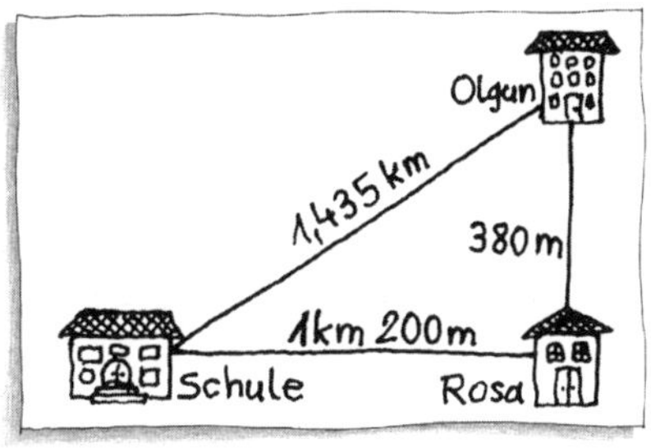

Rechnung:

Antwort: ....

....

(2) Felix und Olgun machen sich vor dem Schwimmtraining im Freibad warm. Sie laufen achtmal um das große Wasserbecken herum. Es ist 50 m lang und 30 m breit. Wie lang ist die Strecke ungefähr, die sie gelaufen sind?

Rechnung:

Antwort: ....

....

(3) Paula und Rosa finden ein 24 m langes Stück Maschendraht.
„Das könnte ich gut als Zaun verwenden, um für meinen Hasen ein Rasenstück abzustecken, damit ich ihn frei laufen lassen kann", sagt Paula.
Beide überlegen: Wie könnte das eingezäunte Rasenstück aussehen?
Was meinst du? Zeichne deine Ideen auf.

Gebäude geometrisch betrachtet

zu Buchseite 94/95

a)

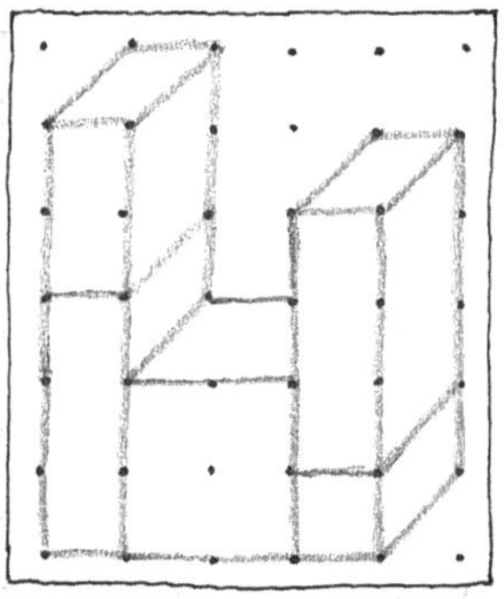

b)

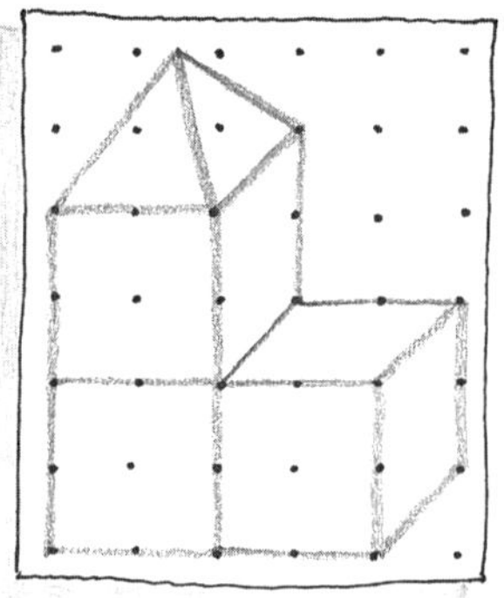

c)

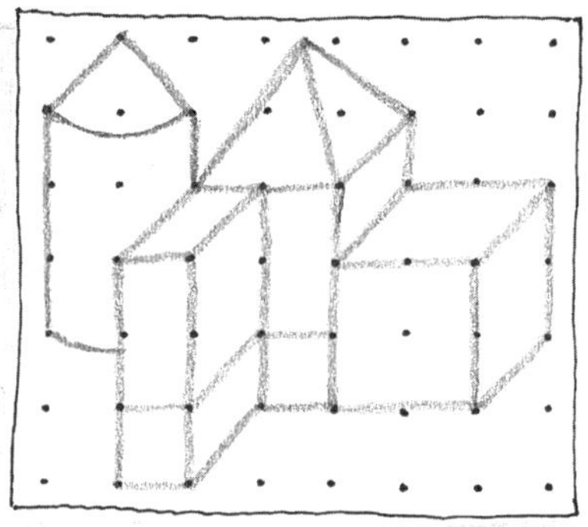

(1) Bestimme die Anzahl der Körper.

	Würfel	Quader	Pyramide	Kegel	Zylinder
a					
b					
c					

(2) Welche Ansicht zeigt das Gebäude von oben, von vorn, von der rechten Seite, von der linken Seite und welche von hinten?

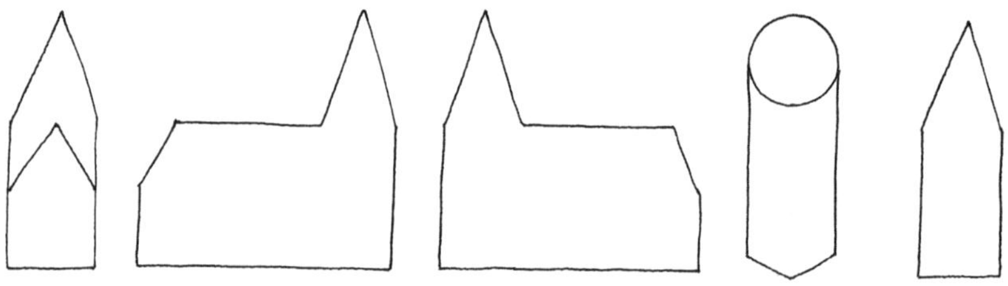

von: .... von: .... von: .... von: .... von: ....

(3) Zeichne Ansichten des Gebäudes.

von vorn

von hinten

von der rechten Seite

von der linken Seite

von oben

Eigenschaften von Körpern

zu Buchseite 96/97

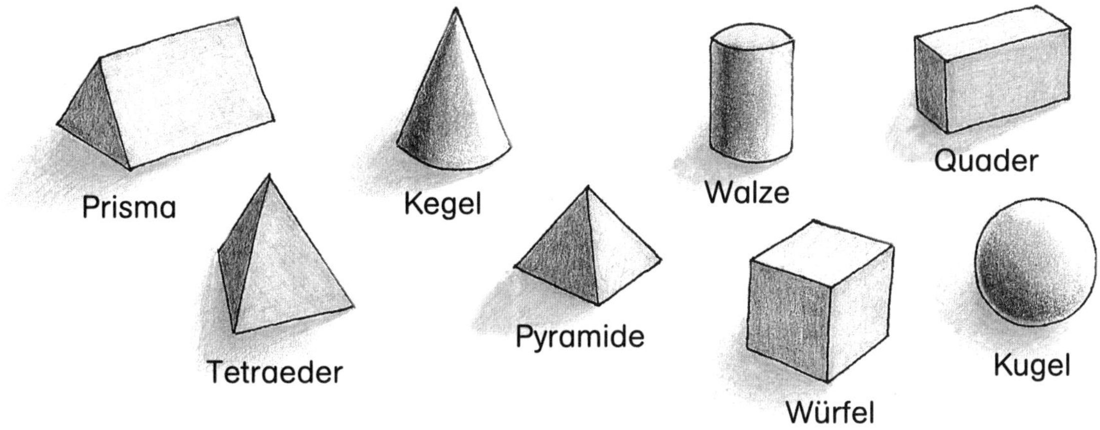

(1) Welches Netz passt zu welchem Körper? Schreibe die Namen auf.
Achtung: 3 Netze sind keine Körpernetze.

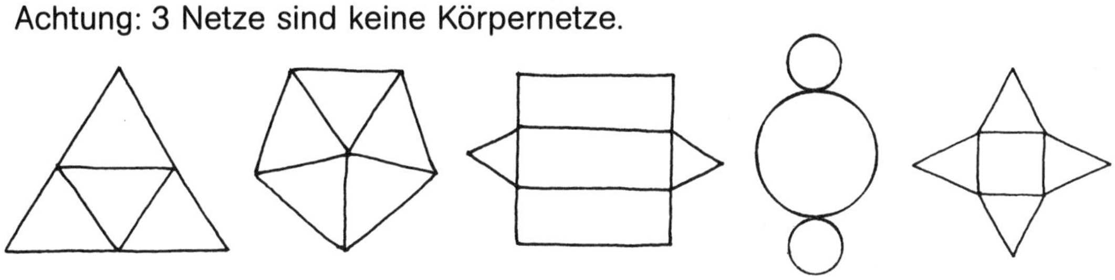

....

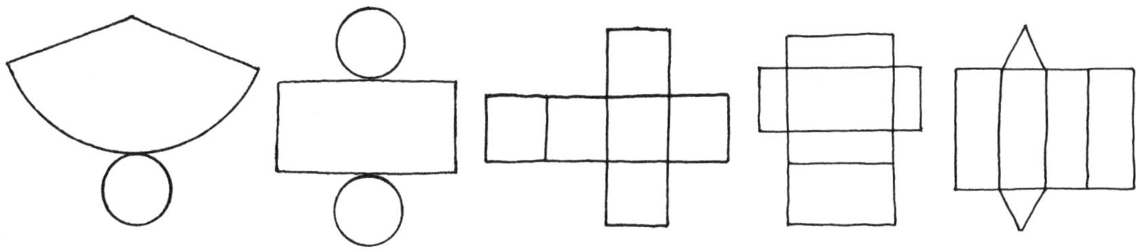

....

(2) Trage die Anzahl der Ecken, Kanten und Seitenflächen der Körper ein.

	Quader	Würfel	Walze, Zylinder, Rundsäule	Pyramide	Kegel	Prisma
Ecken						
Kanten						
Seitenflächen						

Besondere Quader

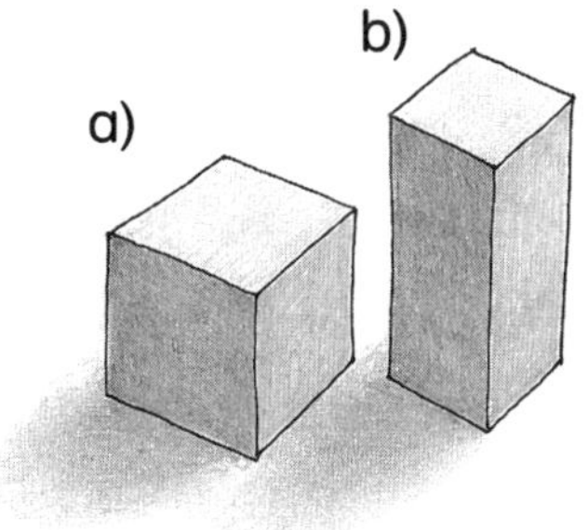

Welche Namen haben diese Quader noch?

a) .... b) ....

Welche besonderen Eigenschaften haben sie?

a) ....

....

b) ....

....

Fair gehandelt

zu Buchseite 100/101

Auf dem Schulfest haben Schüler einen „Eine-Welt-Stand“ organisiert und viele schöne und nützliche Dinge angeboten.

(1) Das wurde verkauft:

9 Briefsets zu je 4,80 €	
24 Packungen Streichhölzer zu je ______	
6 Rasseln zu je ______	
80 Knäuel Hanfschnur, 10 St. zu je ______	
7 Päckchen Nüsse zu je ______	
Gesamteinnahme:	

(2) 10 Packungen Streichhölzer kosten 1,20 €.
Ein Viertel der Einnahmen gehen direkt an ein Hilfsprojekt in Indien.
Wie viel Geld erhält das Hilfsprojekt, wenn 1 000 Packungen verkauft werden?

Antwort: ....

....

(3) Ein Meter Schnur kostet 0,06 €.
Wie viel Meter Schnur müssen verkauft werden, damit 60 € eingenommen werden?

Antwort: ....

....

(4) Der Verkauf des Kaffees Organico bringt im „Eine-Welt-Laden“ im Jahr etwa 11 000 € ein. Wie viele kg Kaffee wurden verkauft, wenn 500 g für etwa 5,50 € verkauft werden?

Antwort: ....

Knobelaufgaben

(1) Achtung Falschgeld!
Felix hat 12 1-Euro-Münzen und eine Balkenwaage. Eine der Euro-Münzen ist falsch. Sie wiegt mehr als die anderen. Wie kann er sie mit nur 3 Wiegevorgängen finden?

....

....

....

....

Tipp: Überlege, wie du bei 3 Münzen vorgehen würdest, wenn du nur einmal wiegen darfst.

(2) Das 4-Minuten-Ei
Rosa mag nur 4-Minuten-Eier. Ihr Problem: Sie hat nur eine 5-Minuten- und eine 3-Minuten-Sanduhr. Kann sie damit trotzdem 4 Minuten abmessen?

1. Schritt: ....
2. Schritt: ....
3. Schritt: ....

Tipp: Überlege, wie viel Restzeit jeweils auf der anderen Uhr bleibt, wenn eine Uhr umgedreht werden muss.

(3) Irina versorgt in ihrem Pferdestall ein großes Pferd und ein Pony. Das Pferde frisst in 30 Tagen einen Sack Kraftfutter, das Pony braucht dafür 60 Tage. Irina fragt sich, wie lange reicht ein Sack für beide zusammen.

Tipp: Rechne statt mit dem großen Pferd mit 2 Ponys.

(4) Wie kann Paula 4 Liter abmessen?
Paula hat in einem großen Krug 8 Liter Kinderbowle fertig gemacht. Sie besitzt neben dem 8-l-Krug noch einen 5-l-Krug und einen 3-l-Krug. Sie hätte gerne in 2 Krügen jeweils 4 Liter. Wie kann sie das nur durch Umschütten erreichen?

Tipp: Versuche es einmal mit der Tabelle.

8 l	5 l	3 l
8	–	–
3	5	–
----	----	----
----	----	----
----	----	----
----	----	----
----	----	----

(5) Zum Schluss noch ein Rechenrätsel von Erhan für Olgun:
„Ich habe ein Buch gekauft. Ich habe dafür 10 € und die Hälfte des Kaufpreises gezahlt. Wie teuer war das Buch?“

Tipp: Hier hilft überlegen. Wenn du durch Überlegen keine Lösung findest, probiere es mit verschiedenen Zahlen aus und schau wie sich das Ergebnis verändert.

Torlauf durch Überschlagsburg

zu Buchseite 110/111

Durch welches Tor musst du jeweils gehen? Findest du das Lösungswort?

Lösungswort: ....